GongCheng JiXie Fadongji LiLun Yu Xingneng

工程机械发动机理论与性能

姚怀新 主 编

陈 波 王海飞 副主编

人 民 交 通 出 版 社

内 容 提 要

本书系统地阐述了在工程车辆领域中采用的活塞式发动机的工作过程及基本理论，共九章，主要内容包括：发动机热力循环与性能指标、发动机的换气过程、燃料、汽油机的工作原理、柴油机的可燃混合气形成与燃烧、发动机特性、发动机的废气涡轮增压、发动机的动态特性以及发动机的排气污染与噪声等。

本书主要作为高等院校工程机械、农业机械、军用车辆、汽车拖拉机等各相关专业本、专科学生的教材，也可作为相近专业的教材或教学参考书，同时还可供专业工程技术人员使用和参考。

图书在版编目（CIP）数据

工程机械发动机理论与性能 / 姚怀新主编. —北京：人民交通出版社，2007.2

ISBN 978-7-114-06412-8

Ⅰ. 工… Ⅱ. 姚… Ⅲ. 工程机械－发动机－高等学校－教材 Ⅳ. TU603

中国版本图书馆 CIP 数据核字 (2007) 第 020978 号

书　　名：工程机械发动机理论与性能
著 作 者：姚怀新
责任编辑：智景安
出版发行：人民交通出版社
地　　址：(100011) 北京市朝阳区安定门外外馆斜街 3 号
网　　址：http：//www.ccpress.com.cn
销售电话：(010) 85285838，85285995
总 经 销：北京中交盛世书刊有限公司
经　　销：各地新华书店
印　　刷：三河市吉祥印务有限公司
开　　本：787×1092　1/16
印　　张：10.25
字　　数：245 千
版　　次：2007 年 2 月第 1 版
印　　次：2007 年 2 月第 1 次印刷
书　　号：ISBN 978-7-114-06412-8
印　　数：0001～3000 册
定　　价：20.00 元

前　言

本书由长安大学规划教材建设经费支持出版，在此深表感谢！

发动机从诞生到今天已有近200年的历史。随着发动机在工程机械领域中的应用，工程机械的性能得到了极大地提高，同时其应用范围也不断地得到扩大。尤其是近几年来，随着制造技术和试验测试技术的发展，人们对发动机的研究和认识越来越深入。同时，新技术在发动机上的大量应用，不仅使发动机的性能有了较大的提高，而且使我们对发动机的选用更具有针对性。

早在20世纪80年代，西安公路学院筑路机械系（现为长安大学工程机械学院）的教学科研人员，就已经对变负荷工况下发动机的适应性能做过大量的试验研究，并取得了不少有价值的结论，为针对工程机械的工况特点来选择发动机提供了理论基础。

由于工程机械与发动机技术的迅速发展，为工程机械用发动机的研究提供了广阔的空间。发动机的性能是影响工程机械的整机性能的主要因素之一。本书从发动机的基本工作过程及其基本理论出发，系统地介绍了汽油机与柴油机的工作原理，在此基础上讨论了提高柴油机动态性能的措施以及发动机动态控制系统与工程机械整机控制系统的匹配等工程机械专业所关心的问题，这也是本书的特点之所在。

本书以发动机的基本理论为核心，在发动机基本原理内容的基础上增加了一些新型发动机的工作原理与工作特点，以及发动机对变负荷工况的适应性等方面的内容。这样，一方面能使初学者在较短的时间内掌握有关发动机的基本理论以及分析问题的基本方法；另一方面又能使具有一定理论基础的人员，了解到目前发动机理论的研究现状与发展方向。

总之，本书是针对工程机械领域内的发动机理论与性能的专业基础教材，并为工程机械专业的教学以及从事工程机械方面实际工作的科技人员提供理论参考。

本书由长安大学工程机械学院姚怀新教授（第八章）、陈波（第三、四、五、六、七章）和王海飞（第一、二、九章）共同编写。

本书在编写过程中得到了长安大学教务处的大力支持。书中插图由研究生李娟、王鑫、李源、朱学超同学协助绘制。此外，本书在编写过程中还有许多其他人员参与，为本书的编写提出过宝贵的意见，在此一并致以真诚、深切地谢意！

由于编者水平有限，书中有错误或不当之处，欢迎读者批评指正。

编　者

2006年12月于长安大学

T_s——进气系统温度
U——内能
v——比容
V——容积
V_a——汽缸总容积
V_c——压缩容积
V_h——汽缸工作容积
W——机械功
W_i——指示功
α——过量空气系数
γ——残余废气系数
δ——后膨胀比
δ_1——稳定调速率
δ_2——瞬时调速率
ε——压缩比；调速器不灵敏度
η_e——有效效率
η_i——指示效率
η_k——绝热效率
η_m——机械效率
η_t——循环热效率
η_T——涡轮机效率
η_{TK}——增压器效率
η_v——充气效率
θ——喷油（点火）提前角
λ——压力升高率
μ——分子量：流量系数
μ_0——分子变更系数
ρ——预胀比；密度
τ——冲程数
τ_i——着火延迟期
φ——曲轴转角；增压度
φ_i——着火延迟角
ω——回转角速度

目　　录

第一章　发动机热力循环与性能指标 …… 1
第一节　发动机的理论循环 …… 2
第二节　发动机的实际循环 …… 6
第三节　发动机的性能指标 …… 10
第四节　机械损失 …… 14
第五节　发动机的热平衡 …… 17
第二章　发动机的换气过程 …… 19
第一节　四冲程发动机的换气过程 …… 19
第二节　四冲程发动机的充气系数 …… 21
第三节　二冲程发动机的换气过程 …… 25
第三章　燃料 …… 29
第一节　发动机的传统燃料 …… 29
第二节　发动机的代用燃料 …… 32
第三节　燃料的热化学性能 …… 34
第四章　汽油机的工作原理 …… 39
第一节　汽油机混合气的形成 …… 39
第二节　汽油机的燃烧过程 …… 48
第五章　柴油机可燃混合气的形成与燃烧 …… 56
第一节　柴油机可燃混合气的形成 …… 56
第二节　柴油机的燃烧过程 …… 61
第三节　电控式高压喷射系统 …… 67
第六章　发动机的特性 …… 72
第一节　发动机的工况与特性 …… 72
第二节　发动机试验台架 …… 73
第三节　负荷特性 …… 77
第四节　速度特性 …… 80
第五节　调速特性 …… 86
第六节　万有特性 …… 93
第七节　调整特性 …… 94
第七章　发动机的废气涡轮增压 …… 99
第一节　概述 …… 99
第二节　废气涡轮增压器的工作原理 …… 102
第三节　车用发动机增压的问题 …… 114

提高发动机动力性和经济性的途径。理论循环的假设越符合实际情况，分析的结论就越接近实际。

本章的主要内容为：发动机的理论循环；发动机的实际循环；发动机的性能指标；发动机的机械损失等。

第一节　发动机的理论循环

一、理论循环假设

1）以空气作为循环中的工质并假定其为理想气体，其比热视为定值，忽略变比热的影响。

2）循环为封闭循环。燃烧过程以热源向工质定容或定压加热代替，而排气过程则以工质向冷源定容放热代替。

3）压缩过程和膨胀过程均假定为绝热过程。假定循环的每一过程均为可逆过程。

根据以上假设条件得到的理论循环示功图如图1-2所示。

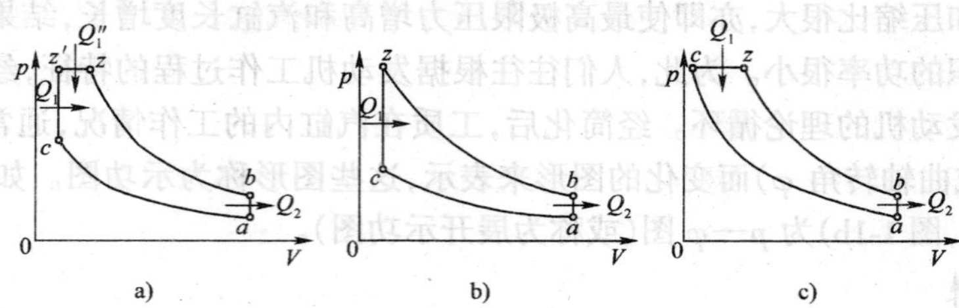

图1-2　发动机理论循环

a）混合加热循环；b）定容加热循环；c）定压加热循环

将实际循环简化为理论循环，必须使其尽可能符合实际循环的特点，尤其是加热过程的特点。例如在汽油机中，混合气燃烧迅速，汽缸内温度、压力增长很快，可以认为其燃烧过程基本上是在容积不变的条件下进行的，即可简化为定容加热循环。在高增压和低速大型柴油机中，由于受燃烧最高压力的限制，大部分燃料是在上止点以后燃烧的，是在压力基本上一定的情况下进行的，即可简化为定压加热循环。而高速柴油机则介于这两者之间，其燃烧过程可以认为是先定容加热、后定压加热的组合，即可简化为混合加热循环。前两种循环可认为是混合加热循环的特例。

二、理论循环的评价指标

1．循环热效率

循环热效率是转变为循环净功的热量与工质所吸收的热量之比，用 η_t 表示，即

$$\eta_t = \frac{W}{Q_1} = \frac{Q_1 - Q_2}{Q_1} = 1 - \frac{Q_2}{Q_1} \tag{1-1}$$

式中：W——m kg工质的循环净功（J）；

Q_1——m kg工质在循环中吸收的热量（J）；

Q_2——m kg工质在循环中放出的热量（J）。

热效率是用来衡量循环中热量的利用程度，是评价循环的经济性指标。

2. 循环平均压力

单位汽缸工作容积的工质所做的循环净功，称为循环平均压力，用 p_t 表示。即

$$p_t = \frac{W}{V_h}(\mathrm{J/m^3}) \text{或} (\mathrm{N/m^2}) \tag{1-2}$$

式中：V_h——汽缸工作容积(m^3)。

循环平均压力 p_t 是评价理论循环的动力性指标。

三、发动机的理论循环

由于加热方法不同，发动机理论循环可分为混合加热循环，定容加热循环及定压加热循环。

1. 混合加热循环

混合加热循环加入到工质中的热量 Q_1 分为两部分：一部分热量 Q'_1 是在定容情况下加入，另一部分热量 Q''_1 是在定压情况下加入。循环中 m kg 工质吸收的热量 $Q_1 = Q'_1 + Q''_1$。循环中定容放出的热量为 Q_2，循环净功 $W = Q_1 - Q_2$（见图 1-2）。

由工程热力学可知，混合加热循环的热效率 η_t 和循环平均压力 p_t 为：

$$\eta_t = 1 - \frac{1}{\varepsilon^{k-1}} \cdot \frac{\lambda\rho^k - 1}{(\lambda - 1) + k\lambda(\rho - 1)} \tag{1-3}$$

$$p_t = \frac{p_a}{k-1} \cdot \frac{\varepsilon^K}{\varepsilon - 1}[k\lambda(\rho - 1) + (\lambda - 1)] \cdot \eta_t \tag{1-4}$$

式中：$\varepsilon = \dfrac{V_a}{V_c}$——压缩比；

$\lambda = \dfrac{p_z}{p_c}$——压力升高比；

$\rho = \dfrac{V_z}{V_c}$——预胀比；

$k = \dfrac{c_p}{c_V}$——绝热指数。

式中：c_p、c_V——分别为工质的定压比热和定容比热；其他符号的含意参看图 1-2。

2. 定容加热循环

定容加热循环加入到工质中的热量 Q_1 是在定容情况下进行的，使工质状态达到 z 点，然后由 z 点绝热膨胀到 b 点（见图 1-2b）。因其无定压加热过程，是混合加热循环 $\rho = 1$ 的特例。故将 $\rho = 1$ 分别代入式(1-3)、式(1-4)中，即得到定容加热循环的热效率及平均压力：

$$\eta_t = 1 - \frac{1}{\varepsilon^{k-1}} \tag{1-5}$$

$$p_t = \frac{\varepsilon^k}{\varepsilon - 1} \cdot \frac{p_a}{k-1}(\lambda - 1)\eta_t \tag{1-6}$$

3. 定压加热循环

定压加热循环的加热过程是在压力不变的条件下进行的，如图 1-2c）所示。可将其看成混合加热循环 $\lambda = 1$ 时的特征。将 $\lambda = 1$ 分别代入式(1-3)和式(1-4)，即得到定压加热循环的热效率和平均压力：

$$\eta_t = 1 - \frac{1}{\varepsilon^{k-1}} \cdot \frac{\rho^k - 1}{k(\rho - 1)} \tag{1-7}$$

定压加热循环热效率最高。

第二节 发动机的实际循环

一、四冲程发动机的实际循环

发动机的实际循环复杂很多,它是由进气、压缩、燃烧、膨胀和排气5个过程组成的。曲轴转两圈完成一个循环过程的发动机称为四冲程发动机,曲轴转一圈完成一个循环过程的发动机称为二冲程发动机。现以四冲程发动机为例讨论实际循环的进行情况。在图1-7中的$p—V$图上的封闭曲线表示实际循环中工质压力随容积变化的关系。曲线所包围的面积A_1就是气体完成一个实际循环所做的有用功。

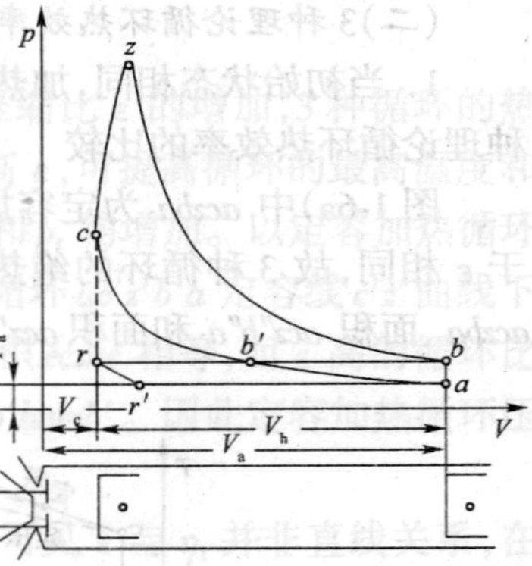

图1-7 四冲程发动机示功图

V_c-压缩终点汽缸容积;V_h-汽缸工作容积

(一)进气过程

为使发动机连续运转,必须不断吸入新鲜工质,即存在一个进气行程。进气过程如图1-7中$r—a$线所示。在活塞接近上止点时,进气门开启,活塞离开上止点后,排气门关闭,活塞由上止点向下止点移动时,上一循环留在压缩容积中的废气首先由r点膨胀到r'点,压力由p_r降到p'_r,然后新鲜气体才被吸入汽缸。由于进气系统有阻力,进气终了压力p_a总是低于大气压力p_0,压力差$p_0—p_a$用来克服进气系统的阻力。进入汽缸的新鲜气体由于受到发动机高温零件和残余废气的加热,因此进气终了的温度T_a总是高于大气温度T_0。

发动机在全负荷时的进气终了压力p_a和进气终了温度T_a的数值列于表1-1。

高速发动机实际循环工质状态参数 表1-1

参数	p_a (kPa)	T_a (K)	p_c (kPa)	T_c (K)	p_z (kPa)	T_z (K)	p_b (kPa)	T_b (K)	p_r (kPa)	T_r (K)
柴油机	$(0.80\sim0.95)p_0$	310 ~ 340	2940 ~ 4900	750 ~ 950	5880 ~ 8830	1800 ~ 2200	200 ~ 390	1000 ~ 1400	$(1.05\sim1.20)p_0$	700 ~ 900
汽油机	$(0.75\sim0.90)p_0$	370 ~ 1400	830 ~ 1960	600 ~ 700	2940 ~ 4900	2200 ~ 2800	290 ~ 490	1500 ~ 1700	$(1.05\sim1.20)p_0$	850 ~ 1200

(二)压缩过程

压缩过程(图1-7中$a—c$线)进、排气门均处于关闭状态,活塞由下止点向上止点移动,缸内工质受到压缩,压力、温度不断上升。

压缩过程的作用是增大循环的温差,使工质获得最大限度的膨胀比,提高循环的热效率。同时也为燃烧过程创造有利条件,柴油机压缩终点气体的高温,是保证柴油自燃的必要条件。

工质被压缩的程度用压缩ε表示,柴油机为保证柴油喷入汽缸后能及时迅速燃烧,以及冷车起动时可靠着火,选择的压缩比ε应使压缩终了的温度比柴油的自燃温度高出200 ~ 300K。一般高速柴油机压缩比$\varepsilon = 14\sim22$。而汽油机的压缩比ε受到爆燃和表面点火的限制,一般$\varepsilon = 6\sim10$。

在理论循环中,我们假设压缩过程是绝热过程。实际上,发动机的压缩过程是一个复杂的多变过程。压缩开始时,新鲜工质因其温度低,从缸壁吸热,多变压缩指数 $n'_1 > k$。随着工质温度升高,某一瞬时与缸壁温度相等 $n'_1 = k$。此后,由于工质温度高于缸壁温度,则工质向汽缸壁传热 $n'_1 < k$。因此,压缩过程中 n'_1 是不断变化的,如图 1-8a)所示。

但在实际循环的近似计算中,常用一个不变的平均压缩指数 n_1 来取代变化的压缩多变指数 n'_1,条件是以这个指数进行的压缩过程,其起点 a 和终点 c 的工质状态应与实际过程相符。根据试验测定,所得 n_1 的变化范围:柴油机 $n_1 = 1.38 \sim 1.42$;汽油机 $n_1 = 1.29 \sim 1.30$。

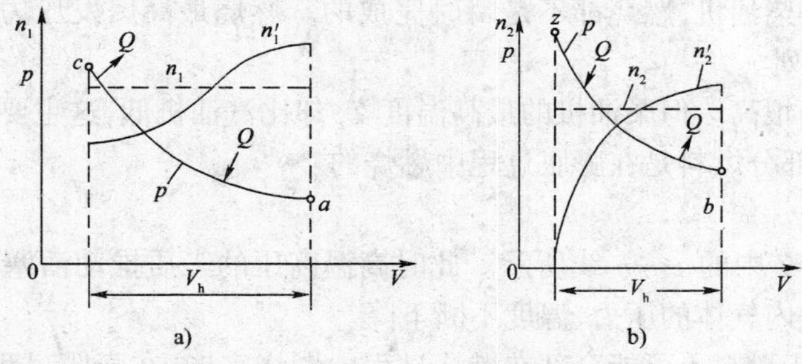

图 1-8　实际压缩和膨胀过程及其过程指数

a)压缩过程;b)膨胀过程

n_1 的大小主要决定于工质与缸壁的热交换情况和工质的泄漏情况:当发动机转速提高后,因热交换时间缩短,工质向汽缸壁传递的热量减少,同时气体泄漏减少,于是 n_1 增大;当负荷增加或采用空气冷却时,汽缸壁的平均温度升高,使工质在压缩初期吸热多而后期放热少,于是 n_1 增大;当汽缸尺寸较大时,相对散热量减少,n_1 增大。

汽缸内压缩终了的压力和温度可用下式计算:

$$p_c = p_a \cdot \varepsilon^{n_1} (\text{kPa}) \tag{1-11}$$

$$T_c = T_a \cdot \varepsilon^{n_1 - 1} (\text{K}) \tag{1-12}$$

p_c 和 T_c 的数值范围如表 1-1 所示。

(三)燃烧过程

燃烧过程如图 1-7 中 c—z 线所示,此时进排气门均关闭,活塞处于上止点附近。

燃烧过程将燃料的化学能转变为热能,使工质的压力和温度升高,放出的热量越多,放热时越接近上止点,热效率越高。

由于燃料燃烧不是瞬时完成的,因此柴油机应在上止点前 c' 点就开始喷油(见图 1-9a)。喷入汽缸内的柴油与空气混合,借助高温空气的热量自行着火燃烧。燃烧开始时,燃烧速度很快,而汽缸容积变化很小,工质的温度、压力剧增,接近于定容加热,如图 1-9a)中 c—z'段所示,

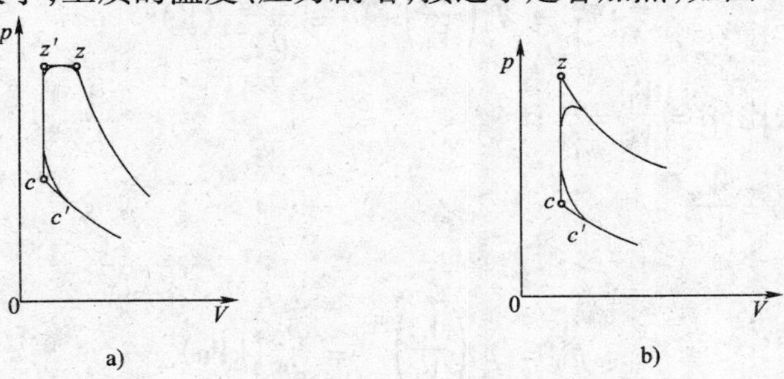

图 1-9　发动机实际循环燃烧过程

a)柴油机;b)汽油机

以后的燃烧是在活塞由上止点向下止点移动的情况下进行的，汽缸内温度继续上升，而压力升高不多，容积却略有增大，接近于定压加热，如图 1-9a)中 z'—z 段所示，因此柴油机燃烧过程可视为由接近先定容加热后定压加热两部分组成，即混合加热过程。

汽油机在上止点前 c'点开始点火，火花塞跳火，点燃混合气(见图 1-9b))火焰迅速传播到整个燃烧室，燃烧所放出的热量使工质的温度和压力剧增，而容积没有显著变化，因此燃烧过程接近定容加热过程，如图 1-9b)中 c—z 段。

无论汽油机还是柴油机，燃烧都不是瞬时完成的。燃烧最高爆发压力 p_z 和最高温度 T_c 数值范围如表 1-1 所列。

柴油机压缩比 ε 很高。但柴油机的最高温度 T_z 却比汽油机低，这主要是因为柴油机过量空气系数大，其次是部分燃料是在膨胀过程中燃烧的。

(四)膨胀过程

膨胀过程如图 1-7 中的 z—b 线所示。此时高温高压的工质推动活塞由上止点向下止点移动，膨胀做功，汽缸内气体的压力、温度不断下降。

在发动机中，由于燃料不可能全部在燃烧过程中燃烧完毕，在膨胀过程中还要继续燃烧，这种燃烧称为补燃。柴油机补燃将延续到膨胀过程的大部分，与此同时，高温热分解产物，在膨胀中发生复合放热现象。此外膨胀过程也同压缩过程一样，有热交换和漏气损失。因此膨胀过程是一个非常复杂的多变过程。膨胀初期由于补燃，工质吸热，$n_2 < k$；膨胀到某一瞬时，工质吸收的热量与它向汽缸壁的放热量相等，$n_2 = k$；膨胀后期，工质向汽缸壁放热，$n_2 > k$，如图 1-8b)所示。

与压缩过程一样，为分析和计算方便起见，也用一个不变的平均多变膨胀指数 n_2 来代替变化着的 n_2'，只要以这个 n_2 计算的膨胀过程，其起始与终了状态和实际膨胀过程相符就可以了。

n_2 的一般范围：柴油机 $n_2 = 1.14 \sim 1.23$；汽油机 $n_2 = 1.23 \sim 1.27$。

n_2 主要取决于补然、工质与缸壁间的热交换及漏气情况。当发动机转速增加时，补燃增加，传热、漏气减少，使 n_2 减少；当转速不变负荷增加时，补燃增加，使 n_2 减少；混合气形成与燃烧不良也使补燃增加，n_2 减少；汽缸容积增加使相对散热面积和相对漏气量下降，n_2 减少。

膨胀终点的压力和温度可用下式计算：

柴油机：

$$p_b = p_z\left(\frac{V_z}{V_b}\right)^{n_2}(\text{kPa}) \tag{1-13}$$

$$T_b = T_z\left(\frac{V_z}{V_b}\right)^{n_2-1} = \frac{T_z}{\delta^{n_2-1}}(\text{K}) \tag{1-14}$$

式中：δ——后期膨胀比，$\delta = \frac{V_b}{V_z} = \frac{\varepsilon}{\rho}$；

ρ——预胀比，$\rho = \frac{V_z}{V'_z}$。

汽油机：

$$p_b = p_z\left(\frac{V_z}{V_b}\right)^{n_2} = \frac{p_2}{\varepsilon^{n_2}}(\text{kPa}) \tag{1-15}$$

$$T_b = T_z\left(\frac{V_z}{V_b}\right)^{n_2-1} = \frac{T_2}{\varepsilon^{n_2-1}}(\text{K}) \tag{1-16}$$

p_b、T_b值列于表1-1中，由于柴油机的膨胀比较大，转变为有用功的热量多，热效率高，所以膨胀终了的压力和温度均比汽油机的低。

(五)排气过程

排气过程如图1-7中$b—b'—r$线所示，排气门在下止点前b处开启，废气高速排出，汽缸内压力迅速下降，当活塞从下止点向上止点移动时，废气继续排出。

由于排气系统有阻力，排气终了的压力p_r大于大气压力p_0，压力差$p_r—p_0$用来克服排气系统的阻力。阻力越大排气终了的压力p_r越高。

排气温度与发动机的转速、负荷、喷油(或点火)提前角有关，以柴油机为例。当转速升高，负荷增加，喷油提前角减小时，均使补燃增加，排气温度升高。

从热功转换关系来看，若循环供油量一定，热转换功越高则排气温度越低。因此排气温度常用作判断发动机工作过程进行得好坏和热负荷高低的重要参数。

排气终了的压力和温度范围如表1-1所示。

实际循环由上述5个过程组成，发动机的工作过程是实际循环的周而复始。

二、发动机实际循环损失

发动机的实际循环与理论循环相比，存在着各种损失，现以四冲程发动机为例说明之，参看图1-10。

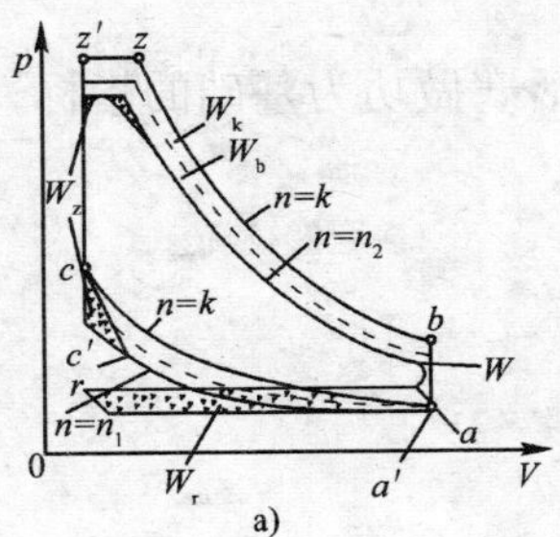

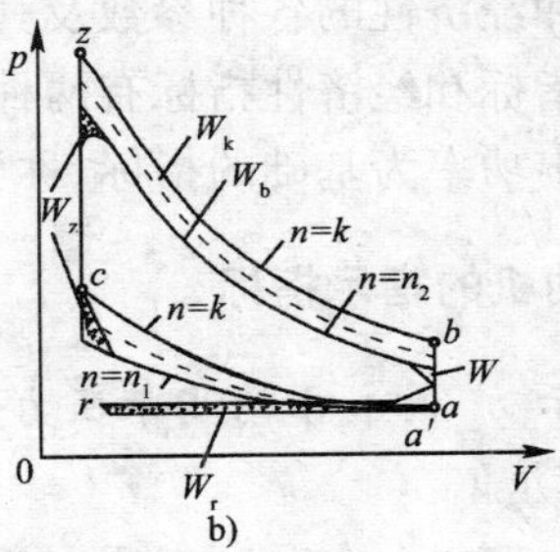

图1-10 发动机实际循环与理论循环的差别

a)柴油机；b)汽油机

W_b-由于工质比热变化和传热、流动等的损失；W_2-非瞬时燃烧损失；W_k-补燃损失；W-提前排气损失；W_r-进排气系统阻力引起的损失

1. 工质变化引起的损失

实际循环中，燃烧前工质是新鲜空气与上一循环残留的废气的混合物，燃烧后则变为燃烧产物，因此工质的成分是变化的。

理论循环假定工质的比热不变，而实际上空气和燃气的比热均随温度升高而增大，这意味着同样的加热量在实际循环中引起的压力和温度的升高要比理论循环低，其结果是循环的热效率低，循环功减少。

同时在整个循环中，工质的泄漏是避免不了的，因此产生泄漏损失。

总之，实际循环中工质的组分、比热、数量均是变化的，由此产生的损失包括在图1-10中W_b面积内。

2. 换气损失

为了使实际循环周而复始地进行，必须更换工质，将燃烧后的废气排除，并吸入新鲜气体，这部分损失称为换气损失，换气损失由两部分组成：一部分是活塞处于下止点前，排气门提前开启，使废气开始排出，所损失的有用功面积（图 1-10 中 W）；另一部分是排气过程中，克服进排气系统流动阻力所消耗的功（图 1-10 中的 W_r）。

3．非瞬时燃烧和补燃损失

实际循环中活塞有相当高的速度，燃料着火后的放热速度也是有限的。燃料完全燃烧，需要一定的时间，因此存在着非瞬时燃烧损失（图 1-10 中 W_z）。并且燃烧将延续到膨胀行程中，这部分损失为补燃损失（图 1-10 中的 W_k）。

4．传热损失

实际循环中，压缩过程与膨胀过程均不是绝热过程，而是复杂的多变过程。工质与汽缸壁等机件自始至终存在着热量交换，尤其是燃烧和膨胀过程，使循环功减少，这就是传热损失，其也包括在图 1-10 W_b 面积之中。

以上各项损失中，损失最大的是燃烧损失和传热损失，因此对于发动机的热效率，以柴油机为例，其理论循环的热效率为 60%，由于各项损失，使实际循环热效率仅有 40%左右。

第三节　发动机的性能指标

发动机性能指标主要有动力性指标、经济性指标和运转性指标。本节主要讨论性能指标、表征动力性和经济性的各种参数及其相互关系。

动力性指标和经济性指标有两种：以工质对活塞做功为基础的指标，称为指示指标；以发动机曲轴输出功率为基础的指标，称为有效指标。

一、发动机的指示指标

（一）指示功 W_i 和平均指示压力 p_i

1．指示功 W_i

在汽缸内完成一个循环工质对活塞所作的有用功，称为指示功 W_i。其大小可由图 1-11 示功图中闭合曲线的面积 $A_1 - A_2$ 表示，A_2 称为泵气损失。由于测量上的方便，通常 A_2 包括在机械损失中，所以四冲程发动机的指示功由面积 A_1 表示。A_2 可用计算方法求得，W_i 可由下式求出其值：

$$W_i = A_1 \times a \times b(\mathrm{J}) \tag{1-17}$$

式中：A_1——示功图面积（$\mathrm{cm^2}$）；

a——示功图纵坐标比例尺（kPa/cm）；

b——示功图横坐标比例尺（$\mathrm{dm^3/cm}$）。

2．平均指示压力 p_i

单位汽缸工作容积的指示功，称为平均指示压力 p_i。

$$p_i = \frac{W_i}{V_h}(\mathrm{kPa}) \tag{1-18}$$

式中：W_i——指示功（J）；

V_h——汽缸工作容积（L）。

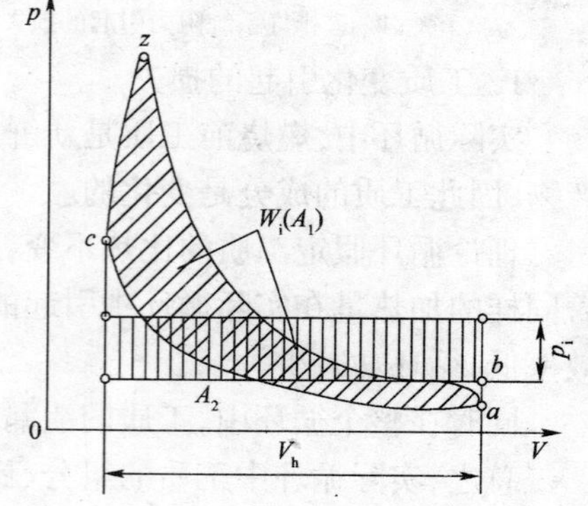

图 1-11　指示功 W_i 与平均指示压力 p_i

按式（1-18），循环指示功 W_i 为：

$$W_i = p_i V_h = p_i AS \times 10^{-3}(\mathrm{J})$$

式中：A——活塞面积(cm^2)；

S——活塞行程(cm)。

因此，可以假想一个大小不变的压力 p_i 作用在活塞上，使活塞移动一个行程所做的功等于循环指示功，那么，p_i 就是平均指示压力，如图 1-11 所示。

平均指示压力 p_i 值越高，则同样大小的汽缸工作容积发出的指示功越多，汽缸工作容积的利用程度越高，平均指示压力是衡量实际循环动力性的一个重要指标。

一般柴油机的 p_i 值为 690～980(kPa)，汽油机为 784～1180(kPa)。

(二)指示功率 N_i

发动机单位时间所作的指示功，称为指示功率 N_i。

若一台发动机的汽缸数为 i，汽缸直径为 D(cm)，行程为 S(cm)，每缸工作容积为 V_h(L)，转速为 n(r/min)，平均指示压力为 p_i(kPa)。

则每缸、每循环作的指示功为：

$$W_i = P_i V_h = P_i \frac{\pi D^2}{4} \cdot S \times 10^{-3}(\mathrm{J})$$

指示功率(每秒所做的功)为：

$$N_i = W_i \cdot i \cdot \frac{n}{60} \cdot \frac{2}{\tau} = \frac{p_i V_0 in}{30\tau} \times 10^{-3}(\mathrm{kJ}) \tag{1-19}$$

式中：τ——行程数；四行程 $\tau = 4$，二行程 $\tau = 2$。

(三)指示燃料消耗率 g_i 和指示热效率 η_i

1. 指示燃料消耗率 g_i

指示燃料消耗率(即指示耗油率)是指单位指示功的耗油量，以每指示千瓦小时所耗油量表示。

若测得发动机的指示功率为 N_i(kW)，每小时耗油量 G_T(kg/h)时，则指示耗油率为：

$$g_i = \frac{G_T}{N_i} \times 10^3(\mathrm{g/kW \cdot h}) \tag{1-20}$$

一般柴油机 g_i 为 170～200(g/kW·h)；汽油机为 230～340(g/kW·h)。

2. 指示热效率 η_i

实际循环的指示功与所消耗热量之比，称为指示热效率。

$$\eta_i = \frac{W_i}{Q_1}$$

式中：Q_1——为得到指示功 W_i 所消耗的热量(kJ)；

W_i——指示功(kJ)。

每 1kW·h 的指示功需要消耗的热量为$\frac{g_i H_u}{1000}$(kJ)。

式中：g_i——指示耗油率，(g/kW·h)；

H_u——燃料低热值，(kJ/kg)。

因为：

$$1\mathrm{kW \cdot h} = 3.6 \times 10^3 \mathrm{kJ}$$

所以：

$$\eta_i = \frac{3.6}{g_i H_u} \times 10^6 \tag{1-21}$$

η_i 值的范围，一般柴油机为 0.43～0.50；汽油机为 0.25～0.40。

g_i 和 η_i 均是评价发动机实际循环经济性能的重要指标。

二、有效指标

(一)有效功率 N_e 和机械效率 η_m

1. 有效功率 N_e

发动机的指示功率 N_i 并不能完全输出，在内部传递过程中有很多损失，这些损失主要有：内部运动件间的摩擦损失、驱动附属机构的损失、泵气损失等，这些损失所消耗功率的总和称为机械损失功率 N_m。

有效功率就是从发动机曲轴上输出的净功率，即有效功率。

$$N_e = N_i - N_m \tag{1-22}$$

2. 机械效率 η_m

机械效率 η_m 是有效功率 N_e 与指示功率 N_i 之比。

$$\eta_m = \frac{N_e}{N_i} = 1 - \frac{p_m}{p_i} \tag{1-23}$$

η_m 值高，表示 N_e 接近于 N_i，说明机械损失功率小，发动机性能好。因此，尽量减少机械损失，提高 η_m，是提高发动机性能的重要途径之一。

η_m 值范围：一般柴油机为 0.7～0.85；汽油机为 0.7～0.9。

(二)有效转矩 M_e

发动机曲轴输出的转矩，称为有效转矩，它与有效功率有如下关系：

$$N_e = M_e \cdot \frac{2\pi n}{60} \times \frac{1}{10^3} = 0.1047 M_e n \times 10^{-3} (\text{kW}) \tag{1-24}$$

$$M_e = \frac{30 N_e}{\pi n} \times 10^3 (\text{N} \cdot \text{m}) \tag{1-25}$$

式中：M_e——有效转矩(N·m)；

n——发动机转速(r/min)。

(三)平均有效压力 p_e

单位汽缸工作容积所作的有效功，称为平均有效压力，用 p_e 表示。其与有效功率的关系是：

$$N_e = \frac{p_e V_h i n}{30\tau} \times 10^{-3} (\text{kW}) \tag{1-26}$$

由上式得：

$$p_e = \frac{30\tau N_e}{V_h i n} \times 10^3 (\text{kPa}) \tag{1-27}$$

将(1-24)代入上式得：

$$p_e = \pi\tau \cdot \frac{M_e}{V_h \cdot i} (\text{kPa}) \tag{1-28}$$

对于汽缸工作总容积(iV_h)一定的发动机来说，p_e 正比于 M_e，所以 p_e 也能反映了发动机单位汽缸工作容积输出转矩的大小，汽缸工作总容积一定的发动机，p_e 值越大，则发动机对外输出的功就越多，输出转矩也越大。p_e 值是发动机重要的动力性指标。

平均有效压力 p_e 值的范围，柴油机为 590 ~ 880(kPa)；汽油机为 590 ~ 980(kPa)。

(四)有效燃料消耗率 g_e 和有效热效率 η_e

1. 有效燃料消耗率 g_e

单位有效功的耗油量，称为有效燃料消耗率 g_e，简称有效耗油率。

$$g_e = \frac{G_T}{N_e} \times 10^{-3}(\mathrm{g/kW \cdot h}) \tag{1-29}$$

式中：G_T——每小时耗油量(kg/h)；

N_e——有效功率(kW)。

2. 有效热效率 η_e

有效热效率 η_e 是发动机的有效功 W_e 与消耗的热量 Q_1 之比值，即

$$\eta_e = \frac{W_e}{Q_1}$$

与前述 η_i 的推导方式相同：

$$\eta_e = \frac{3.6}{g_e H_u} \times 10^6 \tag{1-30}$$

g_e、η_e 是评价整台发动机经济性能的指标。二者均可根据实测的 N_e 和 G_T 计算出来。g_e 的大致范围：柴油机为 218 ~ 285(g/kW·h)，汽油机为 285 ~ 380(g/kW·h)；而 η_e 的范围：柴油机为 0.3 ~ 0.4，汽油机则为 0.2 ~ 0.3。

三、强化指标

1. 升功率 N_L

在标定工况下，发动机每升工作容积所发出的有效功率，称为升功率 N_L。

$$N_L = \frac{N_e}{iV_h} = \frac{p_e V_h in}{30\tau} \cdot \frac{1}{iV_h} \times 10^{-3} = \frac{p_e n}{30\tau} \times 10^{-3}(\mathrm{kW/L}) \tag{1-31}$$

式中：N_L——升功率(kW/L)；

N_e——发动机的标定功率(kW)；

i——汽缸数；

V_h——每个汽缸的工作容积(L)。

可见，升功率 N_L 是从有效功率 N_e 出发，对发动机汽缸工作容积的利用率作总的评价。它与 p_e 和 n 的乘积成正比。N_L 数值越大，表征发动机的强化程度越高，而发出一定有效功率的发动机结构越小，越紧凑。提高升功率的主要措施就是提高平均有效压力和转速。因此，不断提高 p_e 和 n，从而提高 N_L 是发动机的发展方向之一，故 N_L 为评定发动机整机动力性能和强化程度的重要指标之一。

2. 比质量

比质量是发动机的干质量与标定功率之比。它表征质量利用程度和发动机结构的紧凑性。

3. 发动机的强化系数

发动机的强化系数是平均有效压力与活塞平均速度的乘积。它与活塞单位面积的功率成

正比。其值愈大，发动机的热负荷和机械负荷愈高。由于发动机的发展趋势是强化程度不断提高，所以增大发动机的强化系数，也是技术进步的一个标志。

四、环境指标

发动机的环境指标主要指排气品质和噪声。由于这些性能关系到人类的健康，因此必须制定统一标准，并给予严格控制。

1．排气品质

发动机排放对大气的污染已形成公害，为此，各国均采取对策，并制定相应的控制法规．从而限制发动机的排放污染。

(1)排出有害气体。目前有害气体排放主要是指氮氧化合物(NOx)、各种碳氢化合物(HC)及一氧化碳(CO)3种危害最大的气体排放量。

(2)排气颗粒。排气颗粒指排气中排出的除水以外任何液态和固态微粒，一般只限制炭烟的排放量。

2．噪声

噪声使人心情烦躁、反应迟钝，甚至产生高血压和神经系统疾病。故必须予以限制。

第四节　机械损失

一、机械损失的组成

(一)运动机件的摩擦损失

1．活塞、活塞环与汽缸壁之间的摩擦损失

这部分摩擦损失占整个机械损失的45%～60%。主要是由于活塞和活塞环在汽缸壁面上的滑动面积大、相对速度高，而且润滑条件差等造成的。这部分损失的大小决定于活塞的长度、重量及与缸壁的间隙，以及活塞环数、环的弹性，并与缸内气体压力，活塞速度、机油黏度有关。

2．轴与轴承之间的摩擦损失

这部分摩擦损失包括主轴承、连杆轴承和凸轮轴承等的摩擦损失。随着各种轴承直径增大、发动机转速升高、机油黏度增加时，这部分损失也随之增加。

运动机件的摩擦损失占全部机械损失的60%～75%。

(二)驱动附属机构的损失

这部分损失只包括驱动发动机工作必不可少的部件，如冷却水泵(风冷发动机则是冷却风扇)、机油泵、喷油泵、调速器等。其随发动机转速增高，随机油黏度增加而增大。这部分损失占全部损失的10%～20%。

(三)泵气损失

由于测定机械损失常用方法很难将泵气损失从机械损失中分离出去，因此将泵气损失包括在机械损失之中。这部分损失占整个机械损失的10%～20%。

此外还有连杆、曲轴、飞轮高速旋转时，克服空气和油雾阻力引起的流体摩擦损失。这部分损失极小，可忽略不计。

二、机械损失的测定

1. 倒拖法

倒拖法是直接测定机械损失的方法。此方法应使用电力测功器测定。测定时，先起动发动机，预热到正常工作温度，再使其处于给定的工作情况稳定运转，然后停止供油(柴油机)或点火(汽油机)，同时将电力测功器转换为电动机以给定转速拖动发动机，电力测功器所测得的拖动功率，即为发动机在该转速下的机械损失功率。

2. 单缸熄火法

单缸熄火法只适用于多缸发动机。此法是当发动机在给定工况下运转时，依次使各缸熄火(不喷油或不点火)，分别测定各缸指示功率，然后算出所测发动机的机械损失功率。

测定时，先将发动机调整到给定工况稳定运转，测定其有效功率 N_e 值。然后第一缸熄火，调整测功器，使发动机恢复到原给定转速，再测定此时的发动机有效功率 $N_{e(1)}$。由于有一个汽缸不工作，第二次测得的有效功率比第一次测得的小，两者之差即为熄火汽缸的指示功率。所以第一缸的指示功率

$$N_{i1} = N_e - N_{e(1)}$$

同样，依次使各缸熄火，即可测得对应的有效功率 $N_{e(2)}$、$N_{e(3)}$…于是可得其他各缸的指示功率

$$N_{i2} = N_e - N_{e(2)}$$

$$N_{i3} = N_e - N_{e(3)}$$

$$\cdots\cdots$$

把上列各式相加后得：

$$N_i = N_{i1} + N_{i2} + N_{i3} + \cdots = iN_e - (N_{e(1)} + N_{e(2)} + N_{e(3)} + \cdots)$$

式中：i——汽缸数。

因为

$$N_m = N_i - N_e$$

所以

$$N_m = iN_e - (N_{e(1)} + N_{e(2)} + N_{e(3)} + \cdots) - N_e$$

即

$$N_m = (i-1)N_e - (N_{e1} + N_{e2} + N_{e3} + \cdots) \tag{1-32}$$

因此根据测得的 N_e、$N_{e(1)}$、$N_{e(2)}$、$N_{e(3)}$……等有效功率的数值，即可算出机械损失功率 N_m。

3. 油耗线法(又称负荷特性法)

在发动机给定不变的转速下进行负荷特性试验，测出每小时燃油消耗量 G_T 与平均有效压力 p_e 的关系曲线，如图 1-12 所示。在曲线上沿接近于直线的线段延长，直至与横坐标相交，则交点到坐标原点的长度，即为该机的平均机械损失压力 p_m 值。此方法的基础是假设转速不变时，p_m 和 p_i 都不随负荷增减而变化。

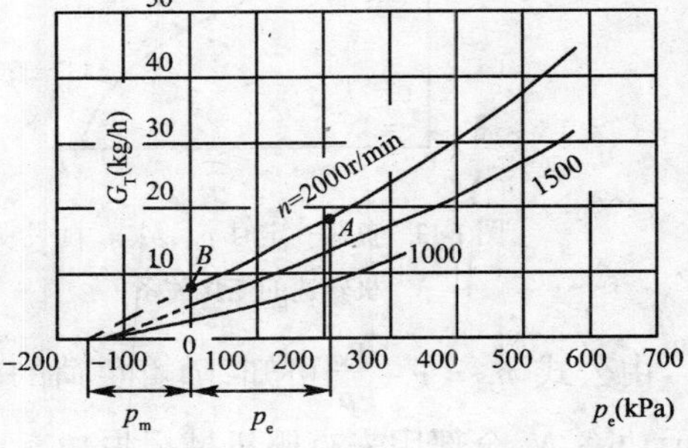

图 1-12 油耗线法(又称负荷特性法)测定机械损失

三、影响机械效率的因素

机械效率表征了发动机机械损失的大小。机械损失还可用平均机械损失压力来表示。和

p_i、p_e一样，把单位汽缸工作容积的机械损失的功，称为平均机械损失压力，用 p_m 表示。因此机械损失功率 N_m 可表示为

$$N_m = \frac{p_m V_h in}{30\tau} \times 10^{-2}(\text{kW}) \tag{1-33}$$

根据式(1-23)、式(1-19)、式(1-26)得

$$\eta_m = \frac{N_e}{N_i} = \frac{p_e}{p_i} = 1 - \frac{p_m}{p_i} \tag{1-34}$$

1．发动机转速的影响

当发动机转速增加时，各摩擦副之间的相对速度增大，因此摩擦损失增加；同时引起运动件的惯性力增大，使活塞侧压力和轴承负荷增加，也增加了摩擦损失。转速上升还使泵气损失和驱动附件损失增加。所以随着转速增加，平均机械损失压力 p_m 成直线增加，如图 1-13 所示。

发动机负荷不变，平均指示压力 p_i 随转速 n 变化的曲线如图 1-13 所示。n 低时，由于汽缸内气流运动弱，不利于混合气的形成与燃烧，转变为指示功的热量少；同时，热交换时间长，热损失多；转速低漏气损失增加，因此平均指示压力 p_i 低。转速升高时，燃烧过程占曲轴转角增加，热损失增多，因此使 p_i 下降。在汽油机中 p_i 主要还受充气系数的影响。

根据式(1-34) $\eta_m = 1 - \frac{p_m}{p_i}$，可见随着发动机转速增加，机械效率 η_m 将下降，参看图 1-13。

2．负荷的影响

当发动机的转速一定而负荷减小时(在柴油机中是减小供油量；在汽油机中是减少充气量)，平均指示压力 p_i 值下降。但由于转速一定，摩擦损失、泵气损失和驱动附件损失基本不变，因而平均机械损失压力 p_m 近似保持不变(图 1-14)。

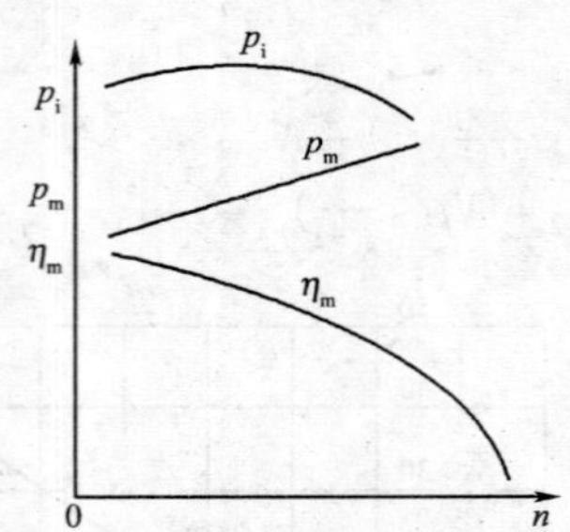

图 1-13 负荷一定时 p_m、p_i、η_m 随发动机转速的变化关系

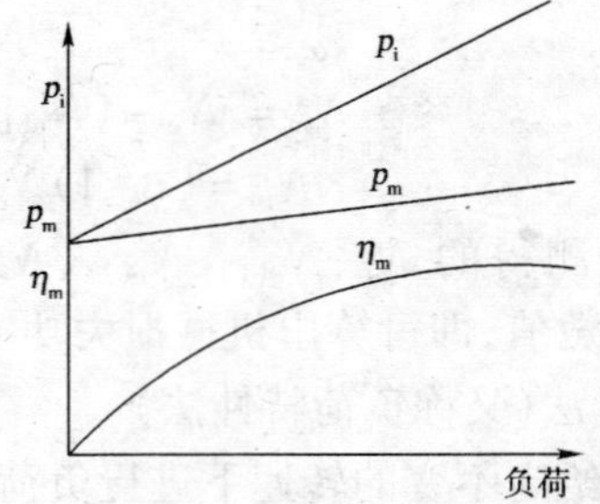

图 1-14 发动机转速不变时，p_m、p_i、η_m 随负荷的变化关系

由公式 $\eta_m = 1 - \frac{p_m}{p}$可知，随着负荷的减小，机械效率下降，直到怠速时，有效功率 $N_e = 0$，指示功率 N_i 全部用来克服机械损失功率 N_m，即 $N_i = N_m$，所以 $\eta_m = 0$，η_m 随负荷变化的曲线如图 1-14 所示。

3．机油黏度和冷却水温度的影响

在机械损失中，摩擦损失占的比例最大，而机油黏度对摩擦损失的大小有着重要影响，黏度大则机油内摩擦阻力也大，流动性差，将使摩擦损失增加，但其承载能力强，可以保持摩擦副处于液体润滑状态。反之，机油黏度小，流动性好，消耗的摩擦功小，但承载能力差，滑润油膜

易破坏，失去润滑作用。因此，必须根据发动机的工作环境及其性能和使用情况合理选用机油黏度。

冷却水温度直接影响机油的温度，因而也就影响到机油黏度和摩擦损失的大小。从图 1-15 中可以看出油温在某一定值时 p_m 最小，高于此温度，油膜易破坏，机油被挤出摩擦间隙，出现半干摩擦，使摩擦损失增加，严重时会引起发动机损坏；如果油温过低也使摩擦损失功率增加，因此发动机必须限制在一定的热力状态下工作，严格控制油温和水温，以减少摩擦损失功率，提高发动机的机械效率。

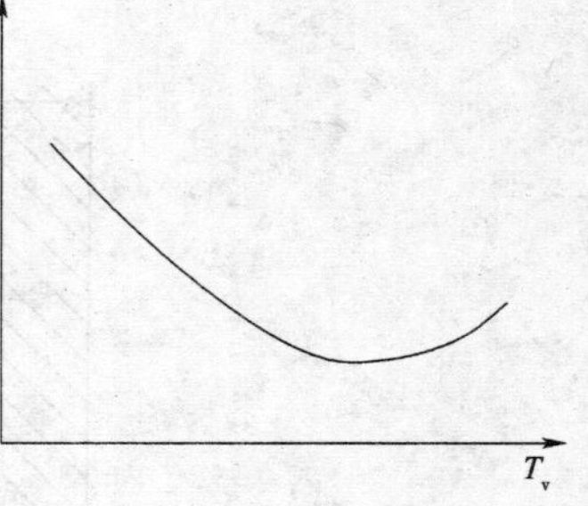

图 1-15　p_m 随机油温度的变化关系

第五节　发动机的热平衡

发动机消耗的燃料，燃烧后放出的热量只有 20% ~ 40% 转变为有效功，其余热量随废气、冷却水等从发动机中排出。把燃料所具有的热量，按有效功和各种损失的分配，称为发动机的热平衡。

发动机的热平衡可用等式表达如下：

$$Q_T = Q_e + Q_r + Q_S + Q_L \tag{1-35}$$

式中：Q_T——向发动机供给的燃料所放出的热量；

Q_e——转变为有效功的热量；

Q_r——废气带走的热量；

Q_S——冷却介质带走的热量；

Q_L——其他热量损失。

在热平衡方程式中，没有单独考虑消耗于机械损失的热量，这是因为消耗于摩擦损失的能量，最后又重新转变为热能，而摩擦热的大部分被冷却介质与机油所带走。驱动辅助机械的能量损失可归入其他热量损失 Q_L 中。这样，消耗于机械损失的热量就考虑在 Q_S 和 Q_L 中。

发动机的热平衡通常是用实验方法确定的。

为了使不同发动机热平衡的各相应组成部分之间可以进行相应的比较，并估计各组成部分的相对值，常以百分数来表示热平衡方程式，即：

$$g_e + g_r + g_S + g_l = 100\% \tag{1-36}$$

上式中左边各项均以百分数表示，即

$$g_e = \frac{Q_e}{Q_T} \times 100\%, g_r = \frac{Q_r}{Q_T} \times 100\% \cdots\cdots$$

高速发动机热平衡的大致数值如表 1-2 所示。发动机的热平衡还可用热流图来表示（图 1-16），从热流图中可以清楚地看出热量在发动机中的转变和传递情况。

高速发动机的热平衡　　表 1-2

热平衡的各项组成（%）	柴油机	汽油机
转化为有效功的热量 g_e	30 ~ 40	20 ~ 30
废气带走的热量 g_r	35 ~ 40	40 ~ 45
传递给冷却介质的热量 g_s	20 ~ 25	25 ~ 30
其他热损失 g_L	5	5

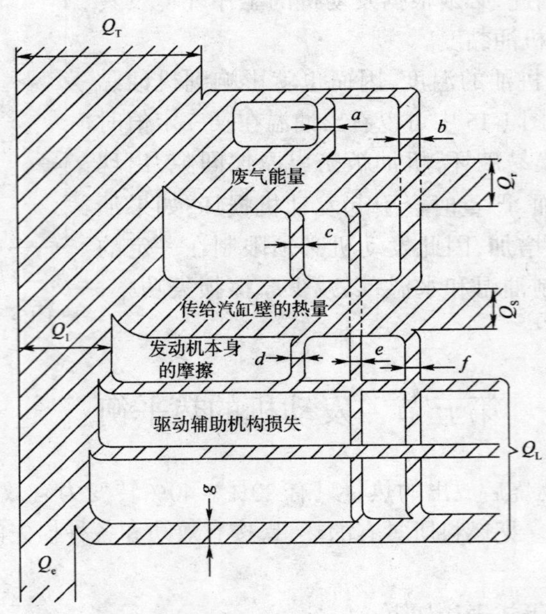

图 1-16 发动机的热平衡图

a-从残余废气和排气中回收的热量；*b*-排出的废气传给冷却介质的热量；*c*-由汽缸壁传给进气的热量；*d*-在摩擦热中传给冷却介质的热量；*e*-从冷却系统辐射的热量；*f*-从排气系统辐射的热量；*g*-从曲轴箱壁和其他不冷却部分辐射的热量

第二章　发动机的换气过程

换气过程由进气过程和排气过程组成。换气过程进行的完善程度，对发动机的性能指标影响极大。

换气过程的任务是：消耗尽可能少的能量，尽可能多的清除上一循环的废气，向汽缸适时、适量的充入新鲜工质。有时还需根据燃烧过程的要求，在汽缸内造成一定强度的空气旋转运动。换气质量的好坏，是保证发动机动力性能、经济性能以及排放性能的前提和关键。废气清除得越干净，充入的新鲜工质就越多；气流运动组织得越有利于混合气的形成，向汽缸喷入的燃料可能增多，燃烧过程就进行得越完善。这样，发动机的动力性指标和经济性指标就越高。

本章的主要内容是介绍换气过程的基本情况，分析影响充气量的因素，以便尽可能的改善换气过程。

第一节　四冲程发动机的换气过程

一、换气过程

四冲程发动机的换气过程包括从排气门打开直到进气门关闭的整个时期，约占 380°～450°曲轴转角。根据气体流动的特点，可以把换气过程分为 3 个阶段来讨论，如图 2-1 所示。

1. 自由排气阶段

从排气门打开到汽缸压力接近排气管压力的这个时期，称为自由排气时期。为能充分排气，一般排气门需提前在下止点前 30°～80°曲轴转角处打开。此时汽缸内的压力为排气管内压力的两倍以上，排气的流动处于超临界状态，流过排气门最小截面处的气流速度等于在该处气体状态下的声速；在超临界排气时期，排出废气的质量与排气管内压力无关，只决定于气门开启面积和汽缸内的气体状态。

随着活塞向下止点移动，汽缸内压力不断下降，当汽缸内压力与排气管压力之比降至 1.9 以下时，废气的流动进入亚临界状态，因自由排气时期随转速提高而拖后，所以在高速柴油机中，为使缸内压力及时下降，必须把排气提前角加大。当废气以声速流出时，由于膨胀不完全，总伴有刺耳的排气噪声，为了消除这种噪声，在排气管上装有消声器。

自由排气阶段虽然占整个排气时间的比例不大，但废气流速很高，排出的废气量可达 60%以上。自由排气阶段一般到下止点后 10°～30°曲轴转角时结束。

2. 强制排气阶段

在这个阶段中，汽缸内废气由上行活塞强制推出，由于排气门通道节流作用，缸内平均压力比排气管内平均压力略高一些，一般高出 10kPa 左右。气流速度越高，此差值就越大。

为了减少排气所耗功和利用气流的惯性进一步排除废气，一般排气门是延后到上止点后 10°～35°曲轴转角处关闭。

3. 进气过程

为了增加进气量,使新鲜工质更顺利地进入汽缸,尽可能增大进气截面积,减少进气时的损耗,进气门在上止点前、排气尚未结束时就开启。从进气门开启到活塞行至上止点这个时期相应曲轴转过的角度称进气提前角,一般为 10°~30°曲轴转角。由于进气提前角较小,相应开启的通道截面也小,加之缸内残余废气压力高于大气压力,因此新鲜工质一般不会进入汽缸。在活塞由上止点开始下行过程中,初期由于缸内残余废气压力仍高于大气压力,新鲜工质不能充入汽缸,只有当残余废气膨胀到压力低于大气压力后,新鲜工质才被吸入汽缸。由于进气门提前开启,此时进气通道截面已开启较大,保证大量新鲜工质进入缸内。由于进气阻力,活塞移到下止点时,缸内压力仍然低于大气压力。为了利用高速进气流的惯性,增加充气量,减少功耗,在下止点后才完全关闭进气门。活塞由下止点上行至气门完全关闭时曲轴转过的角度称为进气迟闭角,一般为 40°~80°曲轴转角。

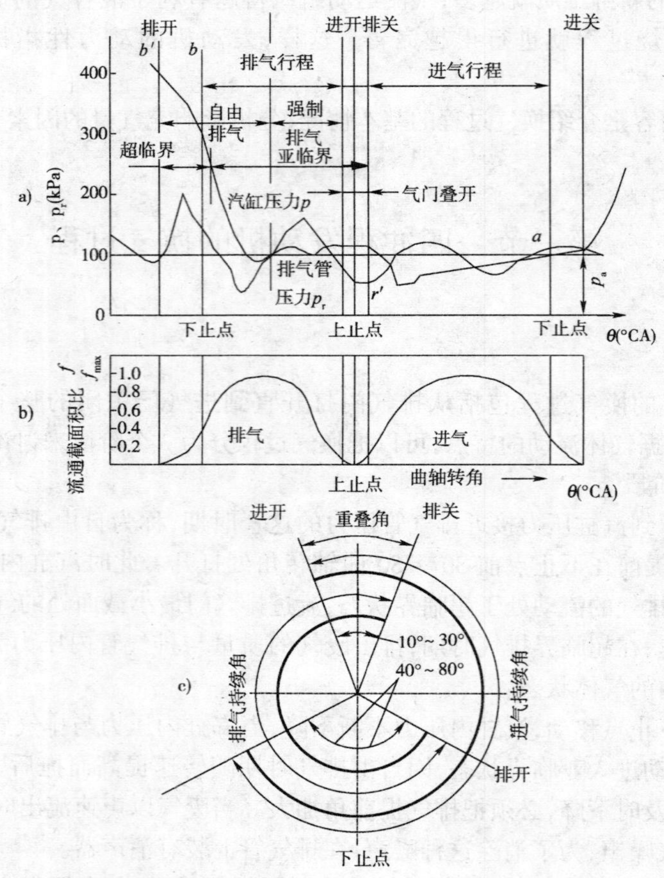

图 2-1 换气过程中汽缸压力、排气管压力、进排气门流通截面积的变化

a)汽缸压力、排气管压力随曲轴转角 θ 的变化曲线;b)进排气门相对流通截面积随曲轴转角 θ 的变化曲线;c)四冲程发动机进排气门开闭时间

4. 气门重叠角

由于排气门延迟关闭、进气门提前开启,使得在上止点前后一定的曲轴转角范围内存在进、排气门同时开启的状态,称为气门重叠或气门叠开,气门叠开时曲轴相应转过的角度,称为

气门重叠角或气门叠开角。自然吸气的发动机的气门重叠角为20°~60°曲轴转角,增压发动机的气门重叠角要大得多。由于气门重叠角较小,进气门升起的高度不大,且废气又有一定的流动惯性,所以废气不会倒流入进气管中。在气门叠开期间,可利用压差和惯性,将缸内废气推入排气管,进一步清除缸内废气,以增加汽缸的新鲜充气量。对于化油器式汽油机而言,特别是在怠速和部分负荷时,若气门重叠角过大,由于进气管真空度高,废气可能直接从燃烧室流入进气道或从排气道经燃烧室流入进气道,引起“回火”。

二、换气损失

换气损失由排气损失和进气损失两部分组成,如图 2-2 所示。

1. 排气损失

排气损失是从排气门提前开启,直到进气行程开始,缸内压力达到大气压力之前循环功的损失,它包括自由排气损失和强制排气损失两部分。

自由排气损失是由于排气门提前开启而引起的膨胀功的减少,如图 2-2 中的面积 W;强制排气损失是活塞上行强制推出废气所消耗的功,如图 2-2 中的面积 Y。排气提前角越大,自由排气损失越大,但是在下止点时缸内的压力越低;活塞上行将废气推出所消耗的功就越小。反之,缸内压力越高,排气功耗越大。最有利的排气提前角应使面积($W+Y$)最小,其值随转速的变化而变化。

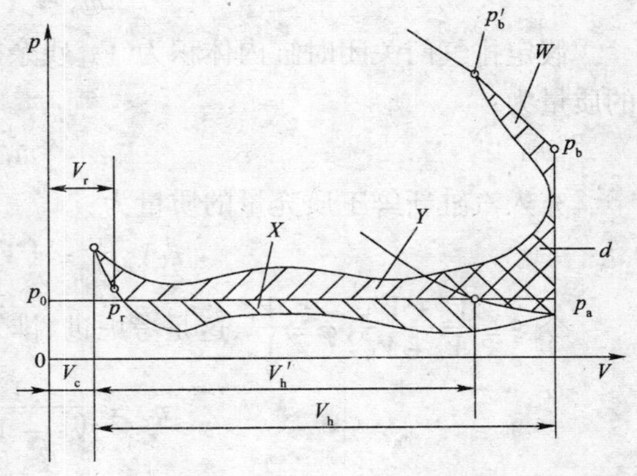

图 2-2　四冲程发动机换气损失

W-自由排气损失;Y-强制排气损失;X-进气损失;$Y+X-d$-泵气损失

减少排气损失的主要措施是:减小排气系统的阻力和排气门处的流动损失。

2. 进气损失

进气损失主要是指进气过程中,因进气系统的阻力而引起的功的损失,如图 2-2 中的面积 X,与排气损失相比进气损失较小。

排气损失与进气损失之和称为换气损失,即图 2-2 中面积($W+Y+X$)。其中与面积($X+Y-d$)相对应的负功,称为泵气损失。由于测量上的原因,将泵气损失放在机械损失中考虑,而将 $W+d$ 放入热效率中考虑。

第二节　四冲程发动机的充气系数

换气的目的是尽量排净废气,最大限度充入新鲜工质,以完善燃烧,提高效率。

评价发动机的换气质量,用残余废气系数(残余的废气量与缸内的新鲜工质量之比)和充气系数来衡量。

一、充气系数

评价进气过程的质量,一般以每循环实际进入汽缸的新鲜工质充量与进气状态下充满汽缸工作容积的新鲜工质充量之比来表示,即所谓充气系数 η_V(充气效率、充量系数、供气效率)。

$$\eta_v = \frac{m_1}{m_s} = \frac{G_1}{G_s} = \frac{V_1}{V_s}$$

式中：　η_v——充气系数；

m_1、G_1、V_1——每循环实际进入汽缸的新鲜工质质量、重量、体积；

m_s、G_s、V_s——进气状态下每循环充满汽缸工作容积的新鲜工质质量、重量、体积。

所谓进气状态，指空气滤清器后进气管的气体状态。对于非增压发动机，一般采用大气状态；对于增压发动机，采用增压器出口状态。

假定进气门关闭时汽缸容积为 $V'_h + V_c$，如图 2-2 所示。此时汽缸内压力、温度、密度为 p_a、T_a、ρ_a，则缸内气体的总质量为：

$$m_a = (V_c + V'_h)\rho_a$$

假定排气门关闭时缸内体积为 V_r，残余废气的压力、温度、密度为 p_r、T_r、ρ_r，则残余废气的质量为：

$$m_r = V_r\rho_r \tag{2-1a}$$

充入汽缸新鲜工质充量的质量为：

$$\eta_v V_a\rho_a = (V_c + V'_h)\rho_a - V_r\rho_r \tag{2-1b}$$

令 $\xi = \frac{V_c + V'_h}{V_c + V_h}$，$\varphi = \frac{V_r}{V_c}$，这是考虑进、排气门迟闭角的影响，则

$$\eta_v = \frac{1}{(\varepsilon - 1)\rho_s}(\xi\varepsilon\rho_a - \varphi\rho_r)$$

假定残余废气与新鲜充量的气体常数近似相等，并将气体状态方程 $\rho = \frac{p}{RT}$代入上式，则

$$\eta_v = \frac{1}{\varepsilon - 1}\frac{T_s}{p_s}\left(\xi\varepsilon\frac{p_a}{T_a} - \varphi\frac{p_r}{T_r}\right) \tag{2-2}$$

式中：T_s、p_s——进气状态的温度和压力；

T_a、p_a——进气终了时的气体温度和压力；

T_r、p_r——残余废气的温度和压力；

ε——压缩比。

为了说明缸内残余废气的比例，引入残余废气系数的概念。

残余废气系数 γ 是进气过程结束时汽缸内残余废气量与汽缸中新鲜充量的比值。由式(2-1a)、式(2-1b)知，

$$\gamma = \frac{m_r}{\eta_v V_s\rho_s} = \frac{V_r\rho_r}{(V_c + V'_s)\rho_a - V_r\rho_r} = \frac{\varphi V_c\rho_r}{\xi V_a\rho_a - \varphi V_c\rho_r} = \frac{\rho_r}{\frac{\xi}{\varphi}\varepsilon\rho_a - \rho_r}$$

将上式代入式(2-2)得

$$\eta_v = \xi\frac{\varepsilon}{\varepsilon - 1}\frac{T_s}{p_s}\frac{p_a}{T_a}\frac{1}{1 + \gamma} \tag{2-3}$$

由式(2-2)和式(2-3)可见，影响充气效率 η_v 的因素有：进气（或大气）的状态、进气终了的汽缸压力和温度、残余废气系数、压缩比及气门正时等。

二、影响充气系数的主要因素

由式(2-3)可以看出，充气系数与压缩比，进气终了参数，残余废气系数和进气状态有关。

1．压缩比

提高压缩比，余隙容积相对减少，残余废气量减少，进气初期膨胀后所占空间减少。

2．进气终了参数

1）进气终了压力。提高进气终了压力，可使充气系数增加。它又受进气系统阻力的影响。进气系统阻力包括：空气滤清器、化油器、进气管、进气道及进气门等部分产生的阻力。流通截面积越小、截面积变化越突然、转弯越急、表面越粗糙、流速越大，其流动阻力就越大。进气门处的流通面积最小，截面变化大，对进气终了压力的影响最大。

2）进气终了温度。新鲜工质进入汽缸后，总要受高温机件和残余废气的加热，使其温升越多，气体的密度越小，充气系数就越小。

3．排气终了压力

由于排气系统的阻力，排气终了时残余废气的压力总要高于大气压力。压力高，密度大，废气量多，残余废气系数就大，使充气系数下降。残余废气的压力，主要取决于排气系统的阻力，特别是排气门处的阻力。转速升高，流速增加，排气阻力就增大。

4．负荷

汽油机靠调节节气门的开度调节负荷，负荷小，节气门开度就小，节流损失增加，进气终了压力减少，充气系数下降。

柴油机通过改变喷油量调节负荷。没有设置节流装置，进入汽缸的空气量在负荷变化时基本不变，流动阻力基本不变，负荷变化对充气系数基本没有影响。

5．转速

流动阻力除了与进气系统的结构有关外，还取决于新鲜工质的流速。气体流动的阻力与流速的平方成正比，流速与转速成正比，所以气体流动阻力与发动机转速的平方成正比，如图2-3所示。随着转速的升高，气体的流动阻力增大，充气系数下降。

6．配气相位

所谓配气相位，是指进、排气门的启闭角与曲轴转角的对应关系。这当中，进气门迟闭角对进气终了压力影响最大。当发动机转速变化时，气流的惯性发生变化，如果进气门迟闭角不变，则转速高时气流的惯性没有被很好的利用；而转速低时，又会造成气体倒流，从而影响进气压力与发动机的正常工作，选择适当的配气相位，可获得较高的充气系数。

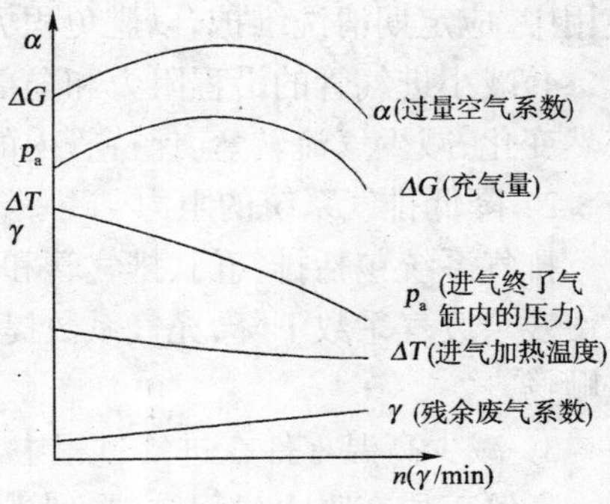

图2-3　在最佳配气定时时充气过程的几个参数与转速的关系

配气相位是否合理，主要从以下几个方面来衡量：

1）充气系数的变化是否符合动力性要求。通过合理选择进气门迟闭角对充气系数的影响，实现所需要的转矩特性。转速增大，充气系数所对应的进气门迟闭角应适当增大。

2）换气损失是否尽可能地小。这主要取决于排气提前角。在保证排气损失最小的前提下，尽量晚开排气门，以提高膨胀比，提高热效率。

3）能否保证必要的燃烧扫气作用。这主要取决于气门重叠角，必要的燃烧室扫气和不高的排气温度，对于废气涡轮增压机十分有利。进气门早开和排气门迟闭，主要是为了增加气门开启的时间断面。

4）是否具有好的排放指标。应把排气门开启时间调到它能在下止点处使缸内压力降至接近大气压力，过早打开排气门，会使有害排放物增加。

三、提高充气系数的措施

影响充气系数的因素是多方面的，可从多方面采取措施来提高充气系数。

1．减小进气系统阻力，提高进气终了压力

1)减小进气门处的阻力。在整个进气系统中，进气门处的通过截面最小，而且不断变化，其流动阻力最大，应优先予以考虑。

(1)加大进气门直径，以增加流通能力。由于进气终了压力对充气系数的影响比排气终了压力的影响大，所以常常适当降低排气门直径以求增加进气门直径。

(2)增加进气门的数目。增加进气门的数目可使流通截面积增加，但气门的个数与缸径大小有关，最多不超过5个。多气门发动机由于其配气机构复杂，一般只用于大功率发动机。

(3)适当增加气门升程。在惯性力允许的条件下，使气门快速开启，也可提高气门处的通过能力。

(4)改善气门座和气门头部到杆的过渡形状，有利于改善气体的流动。气门升起后，气门头部和缸壁及燃烧室壁的距离，即壁距，不宜过小，以免增加气体的流动阻力。

(5)合理控制进气马赫数。进气马赫数是指空气流过进气门开启截面的流速与该处音速之比。实验表明，当进气马赫数超过0.5后，充气系数开始明显下降。

2)减小进气道的阻力。缸盖和缸体的进气道的结构复杂，因有气门导管凸台，截面变化较大，会造成动能损失。对柴油机来说，不仅要考虑减小进气道阻力，更要考虑进气涡流的影响，以改善混合气的形成和燃烧条件。为减小进气道的阻力，应增大气道断面积，避免急弯，减小断面突变，管内应保持光滑等。

3)减小空气滤清器的阻力。应选用低阻高效的空气滤清器，比如油浴式空气滤清器。在使用中，应定期清洗维护，以避免积垢多而使阻力增加。

4)减小进气管的沿程阻力和局部阻力。保证进气管有足够的流通截面积，避免截面积的突然变化，减少气流转弯，保持管内的光滑和清洁等。

2．降低排气系统的阻力

排气系统包括排气门、排气管和消声器等。排气系统的阻力降低，排气终了的压力下降，可使残余废气系数下降，充气系数提高。排气管也应注意其结构要求，保持排气管的光洁，排气顺畅。

3．减少高温零件在进气过程中对新鲜工质的加热

新鲜工质在吸入过程中，受到进气管、进气道、气门、缸壁、活塞等一系列高温零件的加热，使其温度升高、密度下降，使充气系数下降。凡是能降低活塞、进排气门等处的温度和减少与新鲜工质的接触面积的措施，都可以使充气系数增大。

对于汽油机，为了便于燃料的蒸发与多缸均匀分配，常利用排气管对进气预热，但预热应适当。对于柴油机不需对进气进行预热，并应尽可能使进气管和排气管分置于汽缸两侧。在使用中，应用稀混合气和保持发动机的正常冷却水温，也可减少对进气的加热，提高充气系数。

4．合理选择配气定时

前面已经提到衡量配气相位是否合理的几个方面。合理选择配气定时，就是要合理利用换气过程的动态效应，在压缩波到达进气门处时关闭气门，这主要是通过合理选择迟闭角来实现的。

配气定时的选择，一般是根据经验在实际发动机上经过反复比较，最后确定最合适的方案。

5. 采用可变配气定时系统

一般发动机，配气定时不变，某一配气定时只对某一转速最有利，充气系数可达到最高值。气门的重叠角、进气门的关闭角和排气门的关闭角是配气定时的主要参数。在转速低且保证怠速时的稳定性好，气门重叠角要小，而在其他工况下，为提高充气系数和降低氮氧化物的排放，气门重叠角要大，低速时要求进、排气门接近上止点附近打开和关闭，高速时则要求进、排气门远离下止点位置关闭和打开，怠速时进气门的启闭不很重要。

为满足全工况的要求，就需设计可变的配气相位。目前使用的可变气门定时机构有两种：相位可变机构和配气定时可变机构。

(1)相位可变机构。目前大多数方案只是改变进气相位或只改变排气相位，如通用汽车公司的多节式花键凸轮轴结构。该凸轮机构由若干节装配而成，各节凸轮轴套装在同一根控制杆上，排气凸轮与控制杆用直键传动(在控制杆上有沿轴向贯穿的直键槽)，而进气凸轮与控制杆靠螺纹花键传动。在运行时若将控制杆轴向移动，进气凸轮便相对于控制杆转动一定的角度(20°~30°)，这就实现了进气相位的可变。其缺点是在高速时气门重叠角小，需进气门远离下止点关闭进行补偿。

(2)配气定时可变机构。采用偏心传动的凸轮轴，可以实现运行时既改变了进气相位，又改变了排气相位的设想(即配气相位可变)。其特点是，以偏心传动取代一般发动机的同轴传动，每个缸有一根空心的凸轮轴，正时链轮轴(主动轴)从凸轮轴孔中穿过，并借助连杆滚子机构与凸轮轴连接。当两轴同心时，凸轮轴与正时链轮轴同步旋转。将正时链轮轴作横向移动，则凸轮轴与正时链轮轴线偏离，两轴不能同步转动。从而实现了按发动机运行需要的、可变的配气定时。

6. 进气管内动力效应的应用

当发动机的进气管较长时，由于管内气体具有可压缩性，进气过程又是间歇而周期地进行，根据流体力学的规律，势必要在进气管内引起一定的动力现象。多年来，总是试图利用气体动力学原理，充分利用流动特性来改善充气。但到目前为止，对于其物理过程还未取得一致公认的解释和合适的计算方法。通常是将其视为管内惯性效应和管内波动效应的共同作用结果。

第三节　二冲程发动机的换气过程

在四冲程发动机中，一个循环是由4个行程完成的。在二冲程发动机中，两个行程完成1个循环。二者的主要区别是在换气过程。

二冲程发动机在汽缸下部开有扫气口和排气口，如图2-4所示。

膨胀行程开始，活塞由上止点向下止点运动，直至活塞顶面开启排气口，膨胀行程结束，排气行程开始，如图2-4a)和示功图2-4e)上的 b 点。此时缸内压力一般为300~600kPa，废气以音速排出之后，缸内压力迅速下降。当活塞继续下移将扫气口打开后，新鲜工质进入汽缸。从排气口打开到扫气口打开这个时期，称为自由排气阶段。

从新鲜工质开始进入汽缸至活塞下行到下止点(d 点)，再向上将扫气口关闭(h 点)为止，称为扫气阶段。此阶段利用有压力的扫气新鲜工质将废气强制排出缸外并充入汽缸。从扫气口关闭到排气口关闭的时期，为额外排气阶段。活塞继续上行，开始压缩过程(a—c 线)，到上止点前开始喷油（或点火）燃烧，$c—z$ 线即为燃烧过程。活塞接着下行，重复膨胀过程。即 $z—b$ 线，重新开始下一循环。从排气口开启到排气口关闭，即示功图上的 bda 曲线，为换气过程，约占 130°～140°曲轴转角（为四冲程发动机的 1/3 左右）。

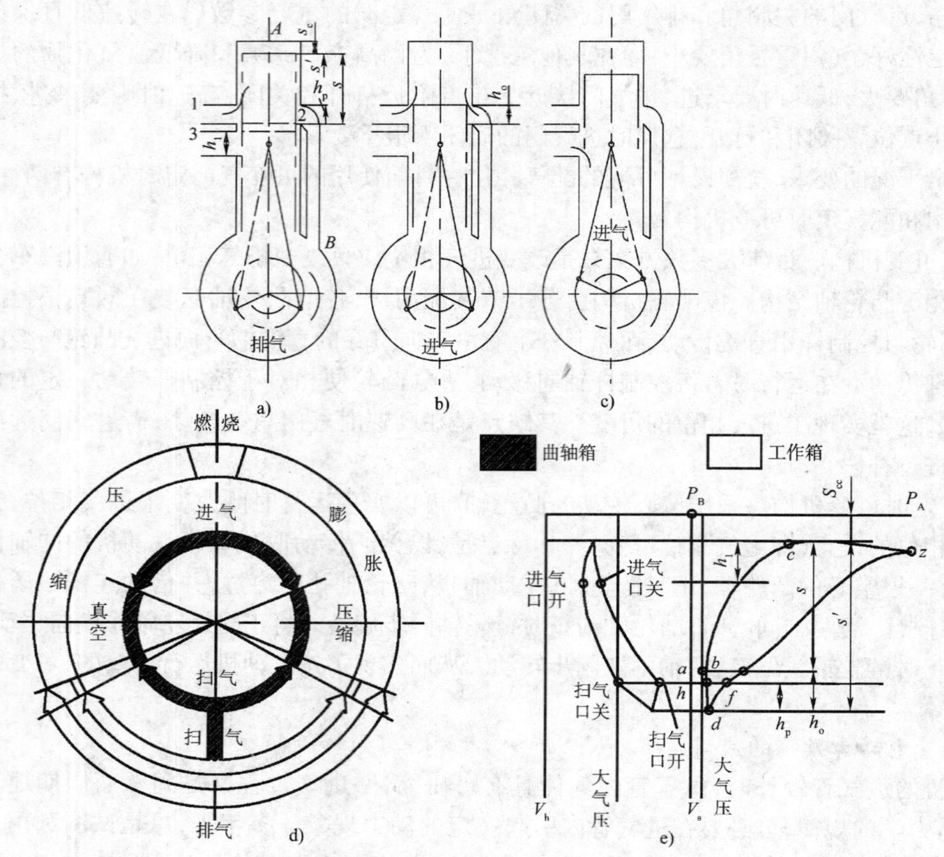

图 2-4　曲轴箱扫气二冲程发动机工作过程

a)、b)、c)工作机构简图；d)配气图；e)工作缸内和曲轴箱内示功图

1-排气口；2-扫气口；3-进气口

在整个换气时期，活塞基本上不做功，相应于这段的容积，称为损失容积，其结果使汽缸的有效工作容积减少，实际压缩比比几何压缩比减少。

与四冲程发动机相比，二冲程发动机要获得良好的充气是比较困难的，为提高新鲜混合气充量，避免废气倒流，常常设置扫气泵或利用下曲轴箱，以提高扫气压力，增加循环充量。由于扫气泵要消耗有效功，因此，应在尽量排净废气和充入更多新鲜工质的前提下，选用扫气压力低、供气量少的扫气泵。扫气泵多为转子泵或离心泵。由发动机的曲轴驱动，扫气压力一般为 109～150kPa。

一、换气系统的基本方案

在二冲程发动机发展的过程中，由于各种不同的目的和要求，出现过多种多样的换气方案。根据新鲜工质在汽缸内的流动性质，换气方案主要有如下 3 类。

1. 横流扫气方案

这是二冲程发动机最早采用的换气方案。其特点是排气口与扫气口布置在汽缸下部相对两壁上，气孔的中心线相互平行或通过汽缸中心，如图 2-5 所示。

该方案的最大优点是，结构简单，制造方便，加上扫、排气口对应布置在汽缸两侧，对减小发动机尺寸有利。但缺点甚多，主要是：

1)换气情况不好。当活塞刚开启扫气孔后，气流不稳定而形成涡流，使废气不易排除。当活塞接近下止点时，换气可能形成短路，使新鲜工质直接由排气口逸出，旁通损失增加。此外，由于扫气与排气定时对称，扫气口比排气口早关，使本来进入汽缸的新鲜工质外逸一部分。

2)汽缸和活塞在排气口一侧部位受热较严重，而扫气口一侧由于受到扫气新鲜工质冷却，温度较低。整个活塞和汽缸因此而受热不均，产生不均衡变形。此外，由于扫气压力的作用，把活塞压向排气一侧，而使活塞组件产生偏磨。

为了改善该方案的换气品质，在小型二冲程发动机上，常常采用鼻状活塞使气流转向，减少旁通损失。在缸径较大的发动机上，可用倾斜的扫气孔来改善换气品质。

2. 回流扫气方案

回流扫气方案如图 2-6 所示。该方案的特点是，扫气口不正对排气口，通过扫气口的设计，使扫气新鲜工质的主流在汽缸内沿缸壁流动时转弯而形成回线，将废气挤走，这样可以克服横流扫气时大量新鲜工质旁通至排气口的缺点，扫气效果比横流要好得多。在小型发动机中，多采用“三口回流扫气”，如图 2-6a)所示。回流换气和横流换气的复合方式，是回流方式的另一种变型。其排气口对侧设有横流扫气口(或称副扫气口)，以清扫排气口对侧的废气，其开启时间可以比主扫气口稍晚一些。上述两方案由于其换气效果优于横流换气，也具有结构简单，制造方便的优点，所以在中小型发动机中得到广泛应用。

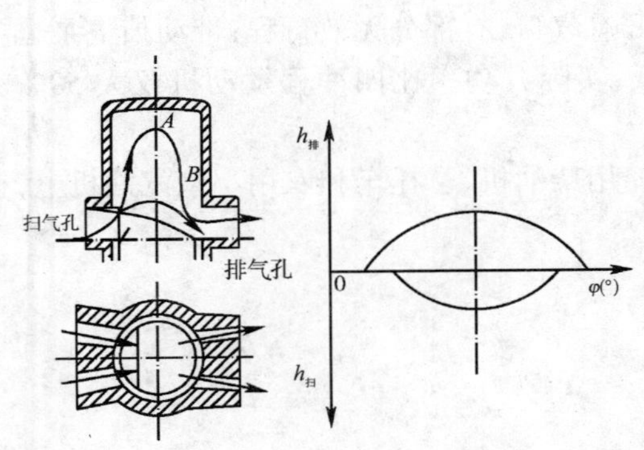

图 2-5 横流扫气方案及气口开启高度 h 随曲轴转角 φ 的变化关系

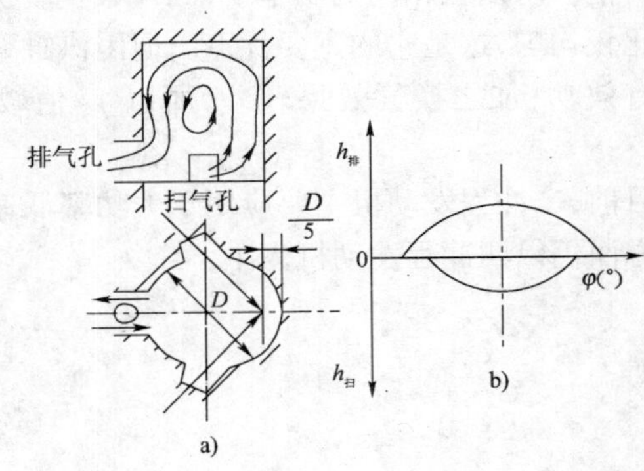

图 2-6 回流扫气

a)三口回流扫气；b)气口开启高度随曲轴转角 φ 的变化关系

3. 直流换气方案

直流换气方案如图 2-7 所示。其主要特点是，扫气空气的主流沿汽缸轴线运动，换气品质最好，这里介绍两种典型的直流换气方案。

图 2-7a)为气门气孔式直流换气方案，它有如下特点：

1)活塞由于受到扫气空气的冷却作用，工作条件较好；

2)由于排气门受凸轮操纵，因此可实现不对称换气，使排气门早关，以实现过后充气；

3)在汽缸横断面上，扫气口沿切线方向排列，使空气在汽缸中产生旋转运动，形成气垫，减少与废气相混，并把废气推出汽缸；

4)由于扫气孔沿整个汽缸圆周密布，孔高可以缩短，减少行程损失。

这种方案的缺点是，由于保留了四冲程发动机的气门机构，还需添加扫气泵，排气门尺寸也比四冲程发动机的大。使结构复杂，不利于向高速化发展。

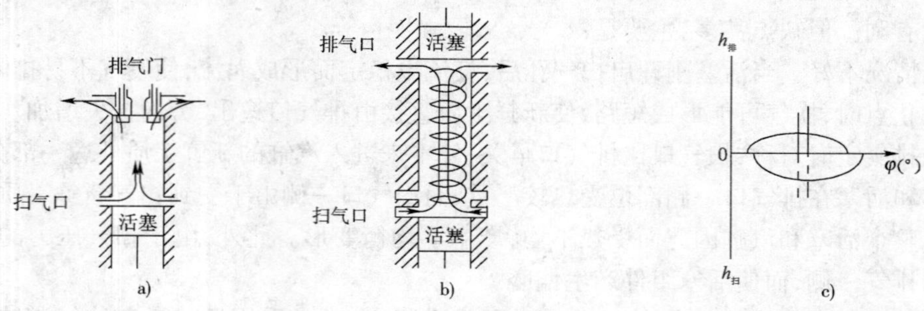

图 2-7　直流换气

a)气门气孔式；b)对向活塞式；c)气口开启高度随曲轴转角 φ 的变化关系

图 2-7b)为对向活塞式换气方案。其扫气口及排气口的启闭由相反方向运动的活塞控制，两活塞运动错开一定的曲轴转角（9° ~ 15°），使排气门比进气门早开、早关，造成不对称换气。扫气口也造成切向进气形成旋流。此方案的缺点是，上、下曲轴的传动机构极为复杂，整机高度尺寸增大，排气端缸套热负荷极为严重。

二、二冲程发动机的应用

与四冲程发动机相比，二冲程发动机在单位时间内工作循环数提高一倍，理论上升功率也增大一倍。所以在相同的功率下，二冲程发动机的外形尺寸及重量均较小，转矩随曲轴转角的变化比较均匀，这是它的主要优点。但因汽缸壁开有气口，有部分无效行程；带动扫气泵也要消耗有效功；加之换气效果较差，所以 p_i 值较低，实际升功率比四冲程发动机仅大 50% ~ 70%。

目前，二冲程发动机主要应用于大功率低速船用柴油机、摩托车和农用小型汽油机上，在其他方面仍以四冲程发动机为主。

第三章　燃　　料

燃料是发动机产生动力的来源。可以说,发动机的改进与发展,汽油机与柴油机在结构与性能上的差异,对环境的污染等,无不与燃料的种类和品质有着密切的关系。

发动机使用的燃料主要是液体燃料。液体燃料具有热值高、灰分少、便于运输和储存等优点。天然气、石油气、煤气等高热值气体燃料因为与空气混合比液体燃料充分,燃烧完全,排气污染小,也是发动机很好的燃料。

由于石油危机及其价格的上涨,引起了各国对新能源开发和代用燃料研究的重视,醇类燃料(甲醇、乙醇)可以从煤、天然气和植物中提炼,加之它是液体燃料,可以沿用传统的液体燃料的运输、储存系统,因而被认为是发动机比较有希望的新的代用能源。

本章主要介绍发动机燃料的一般知识。

第一节　发动机的传统燃料

一、燃料概述

工程机械与车用发动机使用的燃料主要是液体燃料,以柴油和汽油为主。柴油和汽油一般由石油提炼而成。

石油是多种碳氢化合物(又称为烃,分子式为 C_nH_m)的混合物,它含有碳 85% ~ 87%,氢 11% ~ 14%,氧、硫、氮及灰分等共约占 1%。

组成石油的烃类,按化学结构可分为烷烃、烯烃、环烷烃和芳香烃 4 类。

天然石油(即原油)经过炼制,即可得到液体燃料。石油加工主要采用分馏法和裂化法。分馏法(即直馏法)就是将原油在专用的炼油塔内加热蒸馏,根据各组成部分的沸点不同,将石油蒸气引出塔外冷凝即可得到各种燃料。加热到 40 ~ 205℃馏出的是汽油;130 ~ 250℃馏出的是煤油,250 ~ 350℃馏出的是柴油,350 ~ 500℃馏出的是润滑油,超过 500℃馏出的是重油,剩余的是油渣和沥青,用此法得到的燃油约占原油的 25% ~ 40%。为了从原油中提取更多的燃油,常使用裂化法。裂化法是在一定的温度和压力下,将沸点高的重馏分(即碳原子多的馏分)加热,使碳链断裂,变为沸点低、碳原子少的轻馏分。采用裂化法可以提高燃油的产量和质量。

二、汽油的使用性能

(一)汽油的蒸发性

汽油的蒸发性对发动机的性能有着重要的影响,但要准确地评定蒸发性却相当困难。通常以汽油的蒸馏曲线相对地评定其蒸发性。

蒸馏曲线的制取采用如图 3-1 所示实验装置。烧瓶内装 100mL 燃油,经加热燃油蒸气经过冷凝器冷却流入量筒。记录馏出第一滴燃油的温度计读数,此温度为初馏点。继续加热,记录每馏出 10%燃油的温度计读数,并记录终馏点温度和烧瓶内残留物(即难挥发的重馏分)的质量。将蒸馏所得数据画在以温度和馏出百分数为坐标的图上，得出的曲线称为燃油的蒸馏曲线，如图 3-2 所示曲线。评价汽油的蒸发性并不需逐一研究蒸馏曲线上的各个点，而只需研究其中的几个特性点，车用汽油只关心汽油馏出 10%、50%和 90%时的温度。

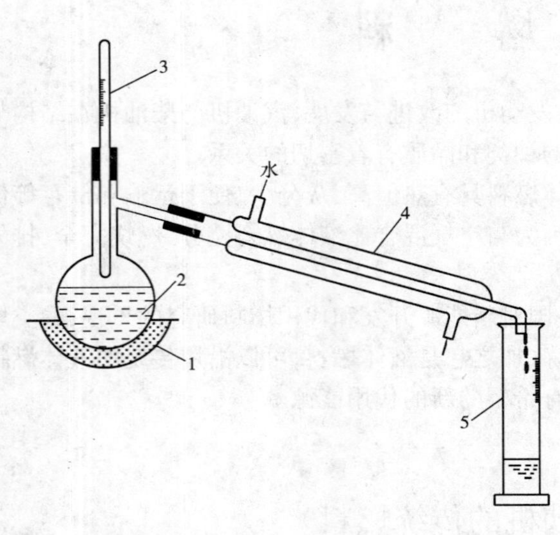

图 3-1　燃油蒸馏试验装置
1-加热器；2-试验燃料；3-温度计；4-冷凝器；5-量筒

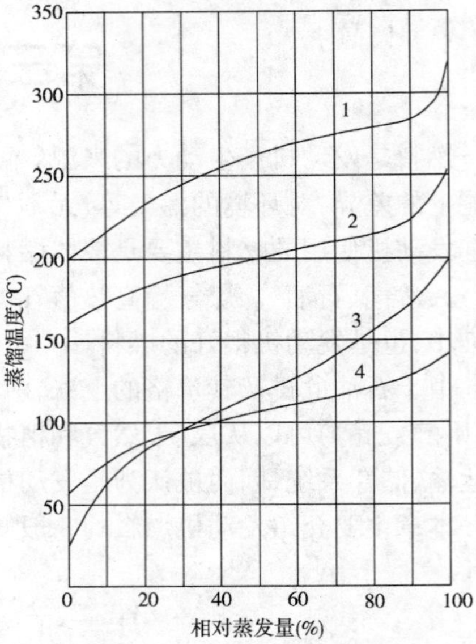

图 3-2　燃油蒸馏曲线
1-轻柴油；2-煤油；3-车用汽油；4-航空汽油

1．汽油的 10%馏出温度

汽油的 10%馏出温度标志着汽油机的起动性，此温度越低表示这种汽油低温时的蒸发性越好，所以使用该汽油的汽油机在冷车状态下易于起动。但此温度过低，在供油途中，有可能因受热形成汽油蒸气泡，即形成“气阻”现象，使发动机因油流不畅而断火，影响其正常运转。

2．汽油的 50%馏出温度

50%的馏出温度标志着汽油的平均蒸发性，它对汽油机的暖车时间、加速性和工作稳定性有很大影响。若此温度较低说明该汽油蒸发性好，在较低的温度下就有大量汽油蒸发与空气形成良好的可燃混合气，这样就可以缩短暖车时间，并使汽油机从低速向高速转变时，能及时供给所需要的混合气，使其有良好的加速性能。

3．汽油的 90%馏出温度

90%馏出温度标志着汽油中含有难于蒸发的重质馏分的数量。此温度低，说明燃料所含重馏分少，总的蒸发性好，有利于燃烧过程的进行。此温度高，汽油中含重馏分多，使用中不易蒸发的汽油附着在缸壁上，不仅燃烧后容易形成积炭，而且有可能沿汽缸壁流入油底壳稀释机油，引起润滑不良。

(二)汽油的抗爆性

爆震燃烧是汽油机的一种不正常燃烧现象。汽油对汽油机产生爆震燃烧的抵抗能力称为汽油的抗爆性。

汽油的抗爆性与其化学组成有关。烷烃抗爆性最差，烯烃较差，环烷烃较好，芳香烃最好。在同一种烃内，轻馏分优于重馏分，异构物优于正构物。汽油是多种烃的混合物，而各种烃的抗爆性不同，所以汽油的抗爆性很难用一个理化指标表示。目前广泛采用与标准燃料比较的办法，确定汽油的抗爆性。

车用汽油的抗爆性，通常用实验测定，并用辛烷值作为指标。用异辛烷和正庚烷按不同容积比混合配制标准燃料。其中异辛烷在高压缩比下不易产生爆震，其抗爆性好，定其辛烷值为100；正庚烷抗爆性差，定其辛烷值为0，将这两种燃料按不同容积比混合，可以得到不同抗爆性等级（辛烷值从0～100）的标准燃料。若有一种汽油其辛烷值待定，可在专用的单缸实验机上进行实验。调整压缩比，直到爆震仪上指示出标准的爆震强度为止。之后，保持压缩比不变，换用不同辛烷值的标准燃料进行对比实验，直到产生同样强度的爆震，此时即表明该燃料与标准燃料的抗爆性相等，将该标准燃料中所含异辛烷的容积百分数，定为待测燃料的辛烷值。为了提高汽油的抗爆性，常使用抗爆添加剂。我国车用汽油根据辛烷值数值编号，车用汽油规格详见GB 484—86与GB 489—86。

三、柴油的使用性能

（一）柴油的自燃性

柴油机依靠压缩自行着火，因此柴油的自燃性对燃烧过程和柴油机的性能有很大影响。柴油的自燃性好，着火落后期短，则柴油机工作柔和，而且低温起动性好。

评定柴油自然性的指标是十六烷值。其测定方法和辛烷值类似。标准燃料由正十六烷（$C_{16}H_{34}$）和α—甲基萘配制而成。正十六烷自燃性最好，规定其十六烷值为100；α—甲基萘自燃性最差，规定其十六烷值为0。将正十六烷与α—甲基萘按不同的容积比例混合配制成十六烷值不同的标准燃料。当被测柴油在实验时表现的自燃性指标与某一标准燃料相同时，则该标准燃料中所含正十六烷的容积百分数即定为被测柴油的十六烷值。

柴油的十六烷值高，自然性好，柴油机工作柔和。但十六烷值过高，柴油在燃烧过程中易裂解成游离碳，使排气冒黑烟。因此高速柴油机所用柴油的十六烷值在40～60之间。

（二）柴油的蒸发性

柴油的蒸发性用馏程表示。柴油比汽油含有较多的重馏分，因此柴油的馏程温度范围比汽油高得多。对于柴油的馏程曲线（图3-2中曲线1）中的特性点是50%、90%和95%馏出温度，50%馏出温度低，说明这种柴油的蒸发性好。喷入汽缸后柴油能迅速蒸发与空气混合，有利于柴油机冷机起动。90%和95%馏出温度标志着柴油中重馏分的数量。如果不易蒸发的重馏分过多，则排气冒烟严重。因此90%和95%馏出温度应尽可能低。

（三）柴油的雾化性

柴油的雾化性主要决定于它的黏度。黏度是柴油的重要物理特性之一。它影响柴油的喷雾品质、过滤性及在管道中的流动性。柴油的黏度过高，将造成喷雾不良，燃烧恶化，流动、滤清困难；黏度过低，则使喷油泵柱塞副与喷油器针阀副的漏油量增加，造成润滑不良，增加磨损。因此柴油的黏度应适当。

黏度单位：

国际单位制用（m^2/s）作为运动黏度的单位。

过去运动黏度用“沲”作为单位。

$$1\text{沲} = 10^{-4}(m^2/s)$$

恩氏黏度单位°E：是指200mL试油在指定温度下（轻柴油为20℃）自恩氏黏度计流出的时间（秒）与200mL蒸馏水在同样温度下流出时间（秒）之比。

(四)柴油的低温流动性

柴油的黏度随温度下降而升高。当温度下降,柴油开始凝固而失去流动性时的温度叫做凝点。柴油的凝点过高。易堵塞油路和滤清器,使燃油供应不足,甚至完全失去流动性,中断供油。凝点是柴油的重要指标,国产轻柴油均根据凝点进行编号,轻柴油根据凝点分为 10、0、-10、-20、-35 等 5 个牌号。例如,10 号轻柴油的凝点为 10℃, -10 号轻柴油的凝点为 -10℃。选用柴油时,一般选用的柴油凝点应比环境的最低温度低 5~7℃以上,以保证柴油机正常运转。国产轻柴油的品种和性能指标详见 GB 252—87。

第二节 发动机的代用燃料

随着节能及排放的要求越来越高,世界各国纷纷研究对策,一方面从发动机自身着手,另一方面则是应用代用燃料。通常燃烧代用燃料的发动机都是以传统的汽油机或柴油机作为基体,并进行改装。

目前使用和研究的代用燃料分类如图 3-3 所示。

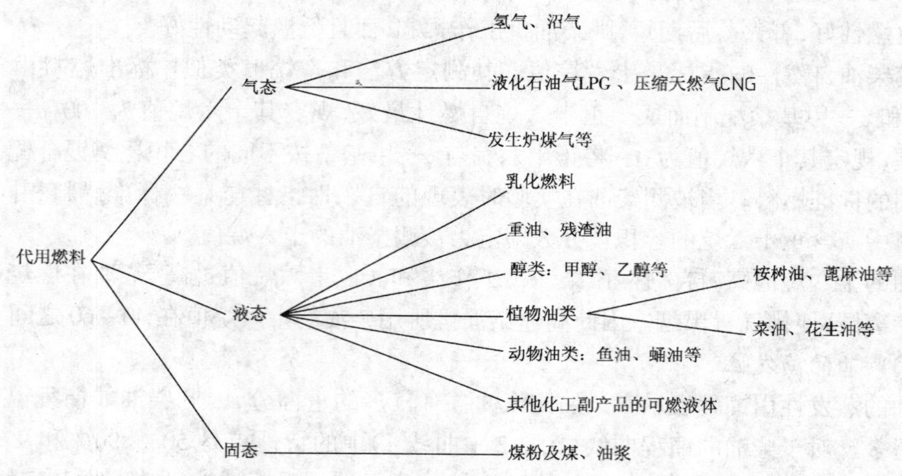

图 3-3 代用燃料的分类

作为良好的代用燃料应能满足以下要求:

(1)资源丰富,价格合适;

(2)燃料的热值能满足发动机动力性能的要求;

(3)能满足车辆起动性能、行驶性能及加速性能等方面的要求;

(4)原有发动机结构变动较小,技术上可行;

(5)能量密度高,储存、运输方便;

(6)对发动机的寿命及可靠性无不良的影响;

(7)对人类健康、环境保护及防火等方面无有害的影响。

生产醇类燃料的资源丰富,生产工艺也较成熟,而近些年来的研究表明,在发动机中使用醇类燃料可以获得良好的动力性、经济性和排放性能。

氢气是良好的、无污染的发动机燃料,但因生产工艺、成本、运输及生产氢气所消耗的电能等技术问题,近期内还不可能大规模地研究开发。若将来克服了这类技术问题,那么氢气也是优良的代用燃料。

生物质燃料是取之不尽、用之不竭的太阳能的可再生能源。利用空地,开垦荒地种植能源植物还是调节大气中 CO_2 含量,改善生态平衡,扩充燃料来源的重要手段。

气体代用燃料不需要精密的喷油设备或雾化装置,能与空气很好混合,各汽缸之间分配较均匀,并能进行较充分的燃烧,有利于组织稀混合气的燃烧,多数气体燃料燃烧时,炭烟少、排气污染小;气体燃料占一定的进气体积,发动机的功率及转矩要降低。石油气中较重组分(丙烷、丁烷等)在常温下适当加压(约 15 个大气压)变成液态,称为液化石油气,储存在低压钢筒内,已成为发动机的燃料之一。试验表明液化石油气作为燃料具有污染少、噪声低、能耗低的特点。有关专家认为,由于社会各界环保意识普遍增强,加上节能,使用液化气作燃料的前景将十分广阔。表 3-1 为几种燃料的主要性质。

几种燃料的主要性质

表 3-1

燃料	高级汽油	柴油	重柴油	甲醇	乙醇	液态天然气	甲烷	氢
化学式	$C_{4\sim12}$的烃	$C_{16\sim22}$的烃		CH_3OH	C_2H_5OH		CH_4	H_2
摩尔质量(kg/kmol)	~98	~170	198	32	46	51	16	2
炭 氢(质量比) 氧(%)	~85 ~15 0	~86.3 ~13.7 0	86 14 0	37.5 12.5 50.0	52.0 13.0 35.0	82.3 17.7 0	75 25 0	0 100 0
C/H 原子量比	5.6~7.4			3.0	4.0			
密度(kg/m^3)(液态) (气态)	730~780	815~855	950	795	789	540 2.06	424 0.72	71 0.09
化学当量比 (kg 空气/kg 燃料)	~14.7	14.5	14.6	6.46	9.0	15.5	17.2	34
蒸气压(10^5Pa)	冬季: 0.6~0.9 夏季: 0.45~0.7			0.37	0.21			
沸点(℃)	30~190	170~360	175~450	65	78	-30	-162	-253
凝固点(℃)	-57	-1~-4		-98	-114		-183	
动力黏度 (20℃,10^{-3}Pa.s)	0.42	3.7		0.60	1.2			
运动黏度 (20℃,$10^{-6}m^2/s$)	0.65~0.85	2.5~8.5						
低热值(MJ/kg)	43.9	43	41.3	19.7	28.6	45.84	50	12
高热值(MJ/kg)	46.6			22.34	29.8		55.5	
汽化潜热(kJ/kg)	419	544		1119	904	353	510	450

第三节　燃料的热化学性能

一、理论空气量

1 kg 燃料完全燃烧时,理论上所需要的空气量,称为理论空气量,以 L_0 表示。燃料的燃烧是其可燃成分与空气中的氧发生氧化反应的过程。

发动机用液体燃料主要含碳、氢和氧。1 kg 燃料中有 g_c kg 的 C、g_H kg 的 H、g_0 kg 的 O,即:g_c kg $+ g_H$ kg $+ g_O$ kg = 1 kg。

碳和氢气完全燃烧时,分别生成 CO_2 和 H_2O。其化学反应方程式为:

$$C + O_2 = CO_2$$

$$H_2 + \frac{1}{2}O_2 = H_2O$$

计算化学反应前后数量关系的变化如表 3-2 所列。

燃料元素化学反应前后数值变化　　表 3-2

燃料成分:1 kg 燃料含 g_C kg C, g_H kg H, g_0 kg O	
C(完全燃烧)	H(完全燃烧)
$C + O_2 = CO_2$ $1(kmol)C + 1(kmol)O_2$ $= 1(kmol)CO_2$ $1(kg)C + \frac{1}{12}(kmol)O_2$ $= \frac{1}{12}(kmol)CO_2$ $g_C(kg)C + \frac{g_C}{12}(kmol)O_2$ $= \frac{g_C}{12}(kmol)CO_2$	$H_2 + \frac{1}{2}O_2 = H_2O$ $1(kmol)H_2 + \frac{1}{2}(kmol)O_2$ $= 1(kmol)H_2O$ $1(kg)H_2 + \frac{1}{4}(kmol)O_2$ $= \frac{1}{2}(kmol)H_2O$ $g_H(kg)H_2 + \frac{g_H}{4}(kmol)O_2$ $= \frac{g_C}{2}(kmol)H_2O$
C(不完全燃烧)	
$C + \frac{1}{2}O_2 = CO$ $1(kmol)C + \frac{1}{2}(kmol)O_2 = 1(kmol)CO$ $1(kg)C + \frac{1}{24}(kmol)O_2 = \frac{1}{12}(kmol)CO$ $(1-x)g_C(kg)C + \frac{1}{24}(1-x)g_C(kmol)O_2 = \frac{1}{12}(1-x)g_C(kmol)CO$	

由表 3-2 可知,1 kg 燃料完全燃烧时所需的氧气量应为:

$$\frac{g_C}{12}(kmol) + \frac{g_H}{4}(kmol)$$

由于燃料本身含有 g_O kg $\left(即\frac{g_O}{32}kmol\right)$的氧,因此 1 kg 燃料完全燃烧需空气中的氧气量为:

$$\frac{g_C}{12}(kmol) + \frac{g_H}{4}(kmol) - \frac{g_O}{32}(kmol)$$

我们知道,空气主要由氧气和氮气组成,按体积计氧气约占21%,因此1 kg燃料完全燃烧所需的理论空气量 L_0 为:

$$L_0 = \frac{1}{0.21}\left(\frac{g_C}{12} + \frac{g_H}{4} - \frac{g_O}{32}\right)(\text{kmol/kg}) \tag{3-1}$$

空气的分子量为28.95,以千克表示的理论上所需要的空气数量应为:

$$L_0 = \frac{28.95}{0.21}\left(\frac{g_C}{12} + \frac{g_H}{4} - \frac{g_O}{32}\right)(\text{kg/kg}) \tag{3-2}$$

1 kmol 空气在标准状态下的体积为22.4m^3。以体积表示的理论空气量为:

$$L_0 = \frac{22.4}{0.21}\left(\frac{g_C}{12} + \frac{g_H}{4} - \frac{g_O}{32}\right)\left(\frac{m^3}{kg}\right) \tag{3-3}$$

几种主要燃料的重量成分、理论空气量等数值参看表3-3。

几种主要液体燃料的成分、理论空气量及热值 表3-3

名称	密度	重量成分(%)			分子量	低热值	理论空气量			混合气热值
		g_C	g_H	g_O		(kJ/kg)	(kg/kg)	(m^3/kg)	(kmol/kg)	(kJ/m^3)
汽油	0.70~0.75	85.5	14.5		114	44000	14.9	11.54	0.515	3810
煤油	0.80~0.84	86	13.7	0.3	130	43200	14.6	11.30	0.504	3820
轻柴油	0.82~0.88	87	12.6	0.4	170	42500	14.5	11.22	0.500	3790
重柴油	0.88~1.05	87	12.5	0.5	220	41900	14.2	11.10	0.491	3770
酒精	0.79	52.1	13.1	34.8	46	25100	9	6.97	0.311	3600

二、过量空气系数

在实际发动机工作中,燃烧1 kg燃料实际供给的空气量不一定等于理论空气量。为了评价发动机的实际充气量,引入过量空气系数这一概念。若燃烧1 kg燃料实际供给的空气量为 L,而1 kg燃料完全燃烧需要的理论空气量为 L_0,则它们的比值称为过量空气系数,以 α 表示:

$$\alpha = \frac{L}{L_0} \tag{3-4}$$

过量空气系数 α 是反映混合气形成和燃烧完善程度以及整机性能的一个指标。在柴油机中,混合气形成条件差,为了使燃油完全燃烧,α 均大于1。而在汽油机中,混合气形成时间长而均匀,有利于完全燃烧,因此 α 较柴油机相应负荷时要小得多。汽油机 α 在0.8~1.2范围内;柴油机全负荷时 α 范围如下:低速柴油机 $\alpha = 1.8 \sim 2.0$;高速柴油机 $\alpha = 1.2 \sim 1.5$;增压柴油机 $\alpha = 1.7 \sim 2.2$。

三、摩尔变更系数

(一)理论摩尔变更系数

1. $\alpha > 1$ 时,1 kg燃料完全燃烧的情况

柴油机燃烧前吸入汽缸的空气量为 $M_1 = \alpha L_0$(kmol/kg)。

汽油机还要计入汽油蒸汽的摩尔数 $M_1 = \alpha L_0 + \frac{1}{m_T}$(kmol/kg)。其中,$m_T$ 为汽油的分子量。

根据表3-3,1 kg燃料完全燃烧时生成 $\frac{g_C}{12}$(kmol)的二氧化碳(CO_2),$\frac{g_H}{2}$(kmol)的水蒸气

(H_2O);燃烧时消耗了 $0.21L_0$(kmol)的氧气,燃烧后剩余(($\alpha L_0-0.21L_0$)(kmol)的氧气和氮气,因此燃烧后工质的摩尔数为:

$$M_2 = \alpha L_0 - 0.21L_0 + \frac{g_C}{12} + \frac{g_H}{2}(\text{kmol/kg}) \tag{3-5}$$

将式(3-1)代入式(3-5)得:

$$M_2 = \alpha L_0 - \left(\frac{g_C}{12} + \frac{g_H}{4} - \frac{g_O}{32}\right) + \frac{g_C}{12} + \frac{g_H}{2} = \alpha L_0 + \frac{g_H}{4} + \frac{g_O}{32}(\text{kmol/kg}) \tag{3-6}$$

燃烧后工质的摩尔数增加质量为 ΔM,则

柴油机:

$$\Delta M = M_2 - M_1 = \frac{g_H}{4} + \frac{g_O}{32}(\text{kmol/kg}) \tag{3-7}$$

汽油机:

$$\Delta M = \frac{g_H}{4} + \frac{g_O}{32} - \frac{1}{m_T}(\text{kmol/kg}) \tag{3-8}$$

由式(3-7)和式(3-8)可知,燃烧后工质的摩尔数增量决定于燃料中含氢和含氧的数量,而与碳和过量空气系数 α 无关。

燃烧后工质的摩尔数 M_2 与燃烧前工质的摩尔数 M_1 之比,称为理论摩尔变更系数,以 μ_0 表示。

柴油机

$$\mu_0 = \frac{M_2}{M_1} = \frac{M_1 + \Delta M}{M_1} = 1 + \frac{\Delta M}{M_1} \tag{3-9}$$

$$\mu_0 = 1 + \frac{\frac{g_H}{4} + \frac{g_O}{32}}{\alpha L_0} \tag{3-10}$$

汽油机

$$\mu_0 = 1 + \frac{\frac{g_H}{4} + \frac{g_O}{32} - \frac{1}{m_T}}{\alpha L_0 + \frac{1}{m_T}} \tag{3-11}$$

2. $\alpha<1$,燃料不完全燃烧的情况

$\alpha<1$ 只有在汽油机上存在此情况,此时空气中的氧气不足以将燃料完全燃烧。为分析方便起见,假定燃料中的氢全部氧化成水蒸气(H_2O);而碳,因氧气不足,有一部分氧化成 CO。

若 1kg 燃料中有 g_C kg 碳,有$(1-x)g_C$ kg 氧化成 CO,而 xg_C kg 的碳氧化成 CO_2,由表 3-2 可知:

燃烧产物的总摩尔数为:

$$\begin{aligned} M_2 &= M_{CO_2} + M_{CO} + M_{H_2O} + M_{N_2} \\ &= \frac{xg_C}{12} + \frac{(1-x)g_C}{12} + \frac{g_H}{2} + (\alpha L_0 - 0.21\alpha L_0) \\ &= \frac{g_C}{12} + \frac{g_H}{2} + \alpha L_0 - 0.21\alpha L_0(\text{kmol/kg}) \end{aligned}$$

将式(3-1)代入上式得:

$$M_2 = \alpha L_0 + 0.21(1+\alpha)L_0 + \frac{g_H}{4} + \frac{g_O}{32}(\text{kmol/kg})$$

$$\Delta M = M_2 - M_1 = 0.21(1-\alpha)L_0 + \frac{g_H}{4} + \frac{g_O}{32} - \frac{1}{m_T}(\mathrm{kmol/kg}) \tag{3-12}$$

与完全燃烧时 ΔM 相比,式(3-12)ΔM 中增加了一项 $0.21(1-\alpha)L_0$。这表明在不完全燃烧时,燃烧后工质的摩尔数增量比完全燃烧时要大,即 $\alpha<1$ 时工质做功较多,因此汽油机为了能在短时间内获得较大的功率,通常采用稍浓的混合气。

$\alpha<1$ 时的理论摩尔变更系数

$$\mu_0 = 1 + \frac{0.21(1-\alpha)L_0 + \frac{g_H}{4} + \frac{g_O}{32} - \frac{1}{m_T}}{\alpha L_0 + \frac{1}{m_T}} \tag{3-13}$$

(二)实际摩尔变更系数

内燃机工作时,由于其具有一定的压缩容积,不可能将废气排除干净,因此燃烧前的工质由新鲜充量和上一循环剩下的残余废气组成。设燃烧 1 kg 燃油留在汽缸内的残余废气为 $M_r$kmol,则燃烧前工质的总量为:

$$M'_1 = M_1 + M_r = \alpha L_0 + M_r(\mathrm{kmol/kg})$$

在燃料过程中,残余废气不参与燃烧,因此,燃烧后工质的总量为:

$$M'_2 = M_2 + M_r(\mathrm{kmol/kg})$$

汽缸中的残余废气量 M_r 与新鲜充气量 M_1 之比称为残余废气系数,以 γ 表示。

$$\gamma = \frac{M_r}{M_1} = \frac{M_r}{\alpha L_0} \tag{3-14}$$

考虑到残余废气时,燃烧后的工质容积 M_2 与燃烧前工质容积 M_1 之比,称为实际摩尔变更系数,以 μ 表示。

$$\mu = \frac{M'_2}{M'_1} = \frac{M_2 + M_r}{\alpha L_0 + M_r} = \frac{\frac{M_2 + M_r}{\alpha L_0}}{\frac{\alpha L_0 + M_r}{\alpha L_0}} = \frac{\mu_0 + \gamma}{1 + \gamma} \tag{3-15}$$

当燃烧室完全扫气时(即 $M_r=0$ 时),$\gamma=0$,此时 $\mu=\mu_0$。

四、燃料与可燃混合气的热值

(一)燃料的热值

1 kg 燃料完全燃烧后放出的热量,称为燃料的热值,以 kJ/kg 为单位,高温燃烧产物中的水是以蒸气状态存在的。将水的汽化潜热计算在内的热值,称为燃料的高热值,以 H_h 表示。水的汽化潜热不计算在内的热值称为低热值,以 H_u 表示,在发动机的工作过程中,排气温度较高,不能利用水的汽化潜热,因此发动机只能利用燃料的低热值 H_u。

(二)可燃混合气的热值

1 kg 燃料与空气形成的可燃混合气量为 M_1,因为 $M_1=\alpha L_0+\frac{1}{m_T}$,燃料的热值应为低热值,所以可燃混合气的热值 h_u 为

$$h_u = \frac{H_u}{\alpha L_0 + \frac{1}{m_T}} \text{ (kJ/kmol)} \tag{3-16}$$

可燃混合气的热值还可用 kJ/m^3 或 kJ/kg 表示。

可燃混合气的热值 h_u 与燃料的低热值 H_u、理论空气量 L_0 和过量空气系数 α 有关。几种燃料和可燃混合气的热值见表 3-3。

第四章　汽油机的工作原理

汽油机是以外部形成混合气，外源点燃为特征的。在汽油机的燃烧过程以前，从汽缸外部就开始形成混合气，混合气形成总的时间相当于曲轴转角 400°～500°，因而混合气成分比较均匀；再加上固定的外源点燃和高温单阶段着火，因而汽缸内的燃烧是有中心、有组织、有次序的火焰传播过程，属于预混合燃烧的类型。

本章主要介绍汽油机混合气的形成、汽油机的燃烧过程、影响汽油机燃烧过程的因素。

第一节　汽油机混合气的形成

混合气形成的品质将影响汽油机燃烧过程的进行，从而影响汽油机的动力性、燃油经济性和排放特性。汽油机可燃混合气的形成与柴油机相比较，有如下特点：

1．汽油机可燃混合气，一般是在汽缸外部形成的

汽油与空气在汽缸外开始形成混合气，然后进入汽缸，在整个进气行程和大部分压缩行程均为混合气形成过程。因此汽油机混合气形成时间长，并且混合比较均匀。

2．汽油机可燃混合气过量空气系数 α 小

由于混合气形成时间长，并且汽油分子与空气混合得比较均匀，因此在过量空气系数较小的情况下，也容易实现比较完全的燃烧，一般汽油机 $\alpha = 0.8 \sim 1.2$。

3．汽油机可燃混合气的着火是依靠外源强制点火

在压缩行程接近上止点时，火花塞电极间跳火，由高能量的电火花点燃火花塞电极附近的可燃混合气，故汽油机着火点比较固定。

汽油机混合气形成的方式主要有两类：

一类是利用化油器在汽缸外部形成均匀可燃混合气，靠控制节气门开度调节混合气数量(图 4-1)。传统化油器式汽油机混合气形成是利用化油器在汽缸外部初步形成可燃混合气。即经过空气滤清器的空气，沿进气管进入化油器；空气流经化油器喉管，由于流速增加，而使静压力降低，在大气与喉管处压差作用下，汽油流入进气喉管，并在高速气流中喷散、雾化、蒸发与混合。改变设置在喉管后的节气门开度，即可改变进入汽缸中混合气的数量。化油器的作用，是在任何转速、任何负荷、任何大气压力下，向发动机提供配合准确的空气—燃油混合气。因此，化油器即是形成混合气的重要部件，又是根据负荷控制成分与数量的计量装置。

化油器式汽油机利用节气门实现了混合气量的调节，然而汽油机各种不同工况对混合气成分的要求是不同的。车用汽油机在全负荷工况工作时，要求能发出全部的潜在功率，为此采用较浓的功率混合比的混合气($\alpha = 0.8 \sim 0.9$)；部分负荷工况是车用汽油机的常用工况，要求其在最经济的混合比下工作，一般中等负荷时 $\alpha = 1.0 \sim 1.2$；小负荷(40%负荷以下)时，由于汽缸内残余废气的稀释作用，在 $\alpha < 1.3$ 起动和怠速工况时，因为吸气量少，流速小，汽油机温度低，燃油的汽化条件差，同时汽缸内残余废气系数大，废气对混合气的稀释作用明显，所以要求提供相当浓的混合气，一般 $\alpha = 0.6 \sim 0.80$。所谓理想化油器，就是能同时满足汽油机对化

油器提出的各种工况下混合比特性要求的化油器。

理想化油器特性指的是其配制的可燃混合气成分随负荷(或充气流量)的变化关系,如图4-2所示。理想化油器特性一般通过制取汽油机燃油调节特性求得。理想化油器特性是确定化油器结构、尺寸的基础,一台调整好的化油器的特性应当与理想化油器特性基本相符。

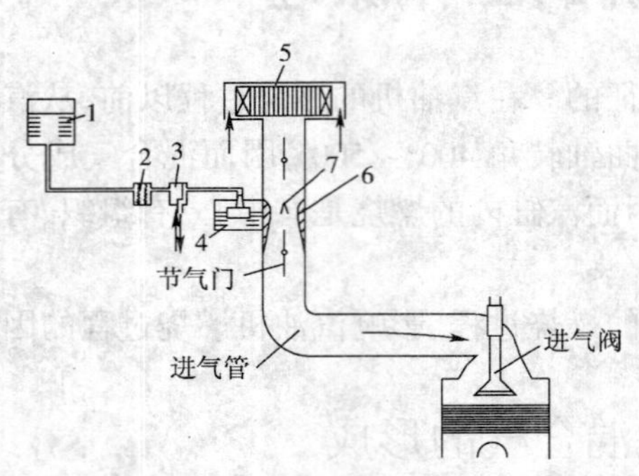

图4-1 化油器式汽油机供油系统

1-油箱;2-汽油滤清器;3-输油泵;4-浮子室;
5-空气滤清器;6-喉管;7-主喷口

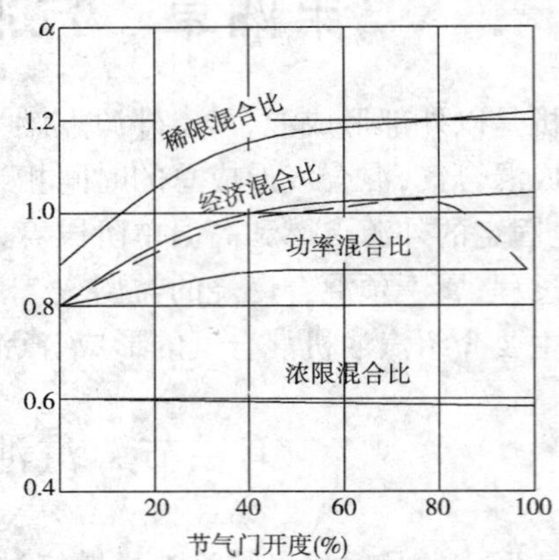

图4-2 汽油机理想化油器特性

另一类是利用喷油泵向进气管、道,或向汽缸内部喷射汽油,靠控制喷油量调节功率。

早在二战期间,汽油喷射技术已应用于飞机发动机上,主要为解决结冰问题,但因成本高,结构复杂,一直未应用在汽车发动机中。直到20世纪70年代,由于能源一度紧张,环境污染危及人类的生存,迫使人们寻求有效的方法来改善汽车造成的污染。同时也因节能的需要以及电子技术的飞速发展,又有力地推动降低污染和节能的电控汽油喷射技术的发展,并迅速地达到实用化。

近年来车用汽油机采用汽油喷射装置发展很快,这种喷射系统一般都采用电子系统及微处理机控制,常用的汽油喷射系统是在进气过程中向进气管道进行低压喷射,在气门外形成可燃混合气。经进气过程和压缩过程的进一步混合,在电火花点火之前形成了预先混合好的均匀混合气,依靠预混合气体的火焰传播进行燃烧。混合气的着火界限仍然比较窄,使混合气浓度仍需保持在狭小的范围内,对于负荷的调节还需使用节气门控制进气量,进行量调节,这与柴油机的混合气形成和燃烧不同。与化油器供油相比,采用汽油喷射系统有利于提高汽油机的平均有效压力和热效率。电子控制的汽油喷射系统,当发动机工况急剧而频繁变化的时候,能实现燃油供应且迅速而准确的控制和调节,空燃比容易控制,对改善部分负荷运行工况的经济性及排放品质等,都比化油器供油优越。虽然电子控制汽油喷射系统结构复杂,成本昂贵,维修技术要求高,但目前在国内已经得到广泛的应用。

如上所述,尽管汽车发动机的化油器可利用空气流经喉管时产生的负压,将汽油连续吸出、雾化、蒸发,与空气混合后形成可燃混合气,同时还可通过一些辅助装置,对不同工况下的混合气浓度进行校正,可基本满足发动机的工作要求。但这种供油方式无法使发动机在燃烧过程中得到最佳空燃比的混合气。特别是在低温、低速状态下,汽油的雾化效果较差,使燃烧室内所获的混合气空燃比有较大的误差,而且不能保证各缸供油均匀,造成发动机冷起动性能较差。此外,由于传统化油器无法根据进气量对燃油进行精确计量和控制,因此无法达到现代汽车的设计标准,严重影响了汽油机性能的进一步提高。

相比之下,电子控制燃油喷射系统由于采用了电子控制方式,可根据每循环的进气量对各缸所需的燃油喷射量进行精确计量和控制，并且 ECU 还可根据执行结果来改变控制目标，从而实现闭环反馈控制过程。为了进一步提高控制精度，一些燃油喷射控制系统中，在反馈控制基础上，增加了学习控制并自行进行修正，从而极大地改善了发动机的工作性能和控制系统的控制精度、稳定性和可靠性。

汽油直接喷射系统具有以下优点：

1)因为进气系统中无需喉管，减少了进气阻力；也不需对进气管加热来促进燃油蒸发，所以增加了充入汽缸工质的量，使汽油机的动力性得到改善。

2)由于没有对进气进行加热，降低了压缩始点的温度；由于实现了油量的精确控制和快速调节，改善了各缸燃料的均匀分配，这些都有利于压缩比的提高，改善经济性及排放。

3)当发动机工况急剧而频繁变化时，电控汽油喷射系统容易实现多参数最佳配合，信息反应快，控制准确，过渡圆滑，对改善部分负荷运行工况的经济性及排放品质均十分有益。

4)依靠油泵计量及压力输送的汽油喷射系统能准确供应燃油，而且随着海拔高度及气温变化对燃油系统进行校正也比较容易。由于燃料雾化的改善，还有利于低温起动。

通常的汽油喷射都是低压喷射。在气门外或汽缸内喷油形成均匀的混合气，然后压缩、点火、燃烧。所供给的混合比按不同工况仍需保持在狭小的范围内，这一点与柴油机的供油系统仍有本质的区别。因此，在进气管还需有节气门节流，仍属量调节。与化油器相比，汽油喷射系统发展中的最大问题是系统的布置复杂，制造成本较高。

总之，与化油器式发动机相比，电控燃油喷射式发动机能很好地适应当今社会对汽油机的性能要求，如提高功率、降低油耗、减少排放等。因此，电控喷射发动机已成为现代汽油发动机的主流。

下面简要介绍一下电子控制汽油直接喷射系统。

一、电子控制汽油喷射的基本原理

电子控制汽油喷射的作用，就是准确地计算燃油量，保证发动机在各种工况下的混合气空燃比在合理的范围之内。

喷射汽油量由喷嘴的断面面积、汽油的喷射压力和喷油的持续时间来决定。为了便于控制，实际的喷油控制系统中，喷嘴的横断面面积和喷油压力都是恒定的，汽油喷射量只取决于喷射延续时间。汽油喷射的时刻及延续时间的长短，是由发动机的各种参数确定。这些参数由传感器传给电子控制器，再经电子控制器转化为长短不一的电脉冲信号传到喷油嘴，控制喷油嘴打开时刻及延续时间长短，使之准确地工作。图 4-3 所示是电子控制汽油喷射系统的基本原理框图。

二、电子控制汽油喷射系统的组成

一般来说，电子控制汽油喷射系统主要由燃料供给系统、进气系统、控制系统和各种传感器等几部分组成，如图 4-4 所示。下面简单介绍各部分的组成及功能。

1. 燃料供给系统

燃料供给系统包括汽油箱、电动汽油泵、压力调节器、汽油滤清器、喷嘴和冷起动喷嘴等部件，如图 4-5 所示。

电动汽油泵 3 将汽油从油箱 1 中吸出，通过滤清器 4 输送到喷嘴 5，油路中安装有压力调节阀 7，使输油管的供油压力维持在 200kPa。当供油压力超过规定值时，压力调节阀内的减压阀打开，汽油便经过回油管 8 流回油箱，使输油管油压保持恒定。滤清器 4 的功用是除去燃油中的污物，以防堵塞喷嘴针阀。

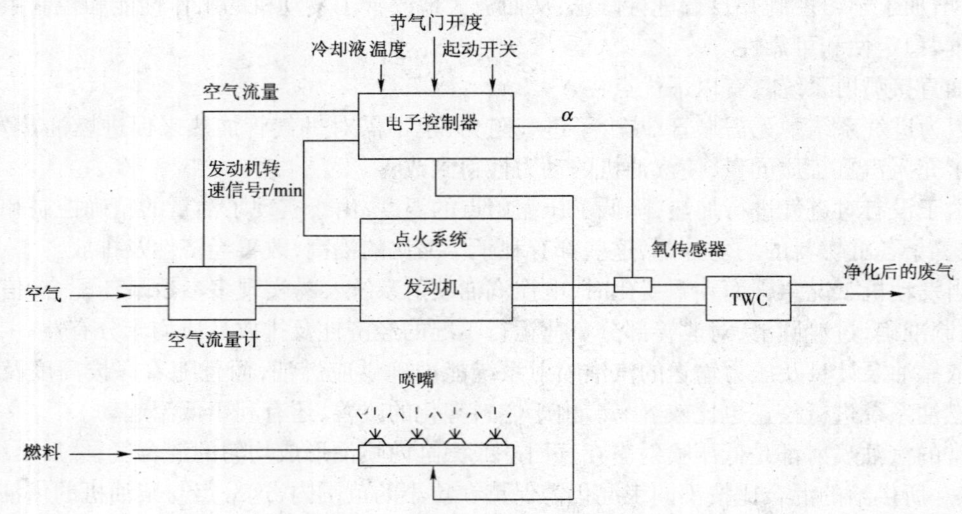

图 4-3 电子控制汽油喷射系统的基本原理方框图

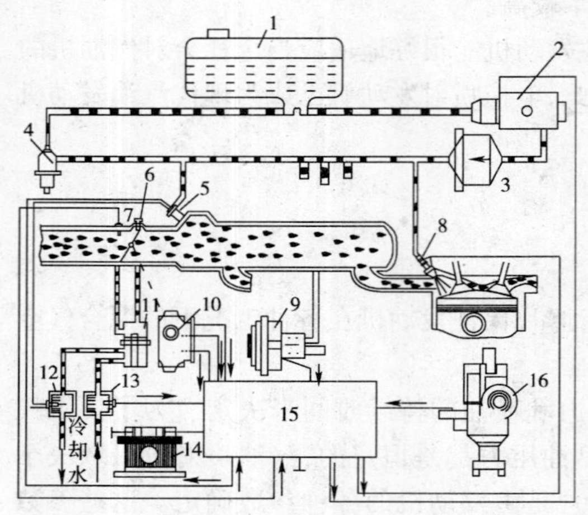

图 4-4 电子控制汽油喷射装置的总体结构简图

1-油箱；2-电动汽油泵；3-汽油滤清器；4-压力调节阀；5-冷起动喷嘴；6-怠速调整螺钉；7-进气温度传感器；8-喷嘴；9-压力计；10-节气门开度传感器；11-附加空气阀；12-热敏开关；13-冷却水温度传感器；14-蓄电池；15-电子控制器；16-分电器(转速信号)

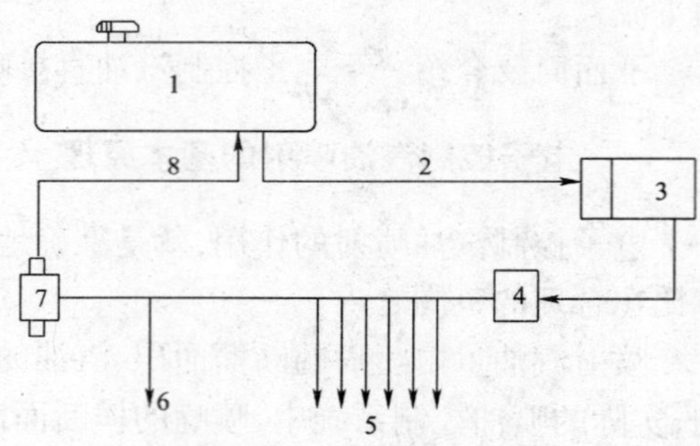

图 4-5 供油系统原理图

1-汽油箱；2-吸入管；3-电动汽油泵；4-汽油滤清器；5-喷嘴；6-冷起动喷嘴；7-压力调节阀；8-回油管

为改善发动机的低温起动性能，设有冷起动喷嘴，在发动机冷态起动时，提供较浓的混合气。冷起动喷嘴 6 由热敏开关感受发动机冷却水温度高低而控制其开闭。

2. 进气系统

进气系统包括空气滤清器、进气歧管、节气门等部件组成。节气门由加速踏板操纵。

3. 控制系统

控制系统主要由控制器及各种传感器组成。其作用是根据反映发动机工况的各种信息，确定喷嘴针阀的开启时间，以确保供给发动机的是最佳可燃混合气。

传感器主要有发动机转速传感器、冷却水温度传感器、进气温度传感器、空气流量传感器、节气门开度传感器、第一缸上止点位置传感器等。它们将发动机的负荷、转速、加速、减速、吸入空气量和温度、冷却水温度变化情况转换成电信号,输入到控制器。控制器则根据这些信息与存储在只读存储器(ROM)中的信息进行比较,然后输出一个控制脉冲,去控制喷油嘴针阀的开启时刻和持续时间,保证供给发动机各缸最佳的混合气。

空气流量传感器是燃油喷射系统的关键部件。有叶片式、电热丝式和卡门漩涡式等空气流量传感器。

控制器是电子控制汽油喷射系统的心脏,它实际上就是一个微型计算机。它通过各种传感器将发动机各工况的信息收集起来,经过处理,最后送出一个脉冲信号,去操纵电磁喷嘴针阀的开启时刻和延续时间长短。

4. 附加装置及修正因素

除了发动机在部分负荷和满负荷的正常情况下,电子控制汽油喷射装置正常供油外,在某些特殊情况下,必须附加一些装置对喷油量作某些修正,才能满足发动机在各种工况下工作的需要。主要有:

1)冷车起动时混合气的加浓及热车时混合气的调节。发动机冷起动时,由于温度低,使喷入的汽油会遇冷而凝固在汽缸壁上,使混合气浓度降低,为了能达到适当的混合比,必须增加汽油喷射量,故需设置冷起动喷嘴。当发动机温度达到一定值时,就不再添加汽油了,这个工作由热时开关来控制起动喷嘴。

2)加速时混合气的加浓装置。当发动机迅速起动或加速时,节流阀很快打开,空气流量传感器将空气的增加量传递给电子控制器。但从接收信息到发出指令信号有一个时间过程,就会使相应增加的汽油不能及时供给,混合气反而变稀,不能达到发动机加速所需的浓度,影响发动机的加速性能。在化油器式发动机中,是通过加速泵来完成加速时增加汽油量的。在电子控制汽油喷射系统中,则通过节流阀开关,供给发动机加速时的汽油需要量。同时,节流阀开关还具有在发动机全负荷时增加混合气浓度的功能。

3)进气温度修正。进气量的多少与吸入的空气温度有关,所以对叶片式和卡门漩涡式流量传感器,还必须安装进气温度传感器,以使对基本喷油量进行修正,即当气温升高时,空气密度下降,应相应缩短喷嘴开启时间,以减少喷油量;温度降低时则相反。

4)附加空气阀。发动机怠速时,节气门接近全闭。怠速运转所需的空气量,经过节气门侧面的旁通道进入进气歧管,其进气量由怠速调节螺钉控制。为了保证发动机在低温怠速期间的运转平稳,所需增加的空气量,可通过辅助进气管进入汽缸,其进气量由附加空气阀控制。

5)电压修正。电源电压较低时,喷嘴开启时间缩短,喷油量减少,因此应延长喷射信号,以修正喷油量。

三、电子控制汽油喷射的类型

汽油喷射系统种类很多,电子控制汽油喷射装置按不同的方法可分为不同的类型。按喷射方式可分为间歇喷射与连续喷射两种;按控制系统可分为机械控制式与电子控制式两类;按其工作原理可分为缸内喷射、进气管及进气道内喷射 3 种,有的分类为单点喷射及多点喷射。下面作一简要介绍。

1. 按空气量的检测方式分类

进入发动机的空气量根据节气门的开度、进气管的压力、发动机转速进行基本值测定。吸作在热态或冷态，其过渡特性都是最佳的。同时，由于进气歧管中只有空气，故可设计得使发动机达到最大的充气量，这将进一步提高发动机的转矩和工作性能。见图4-8a)所示。

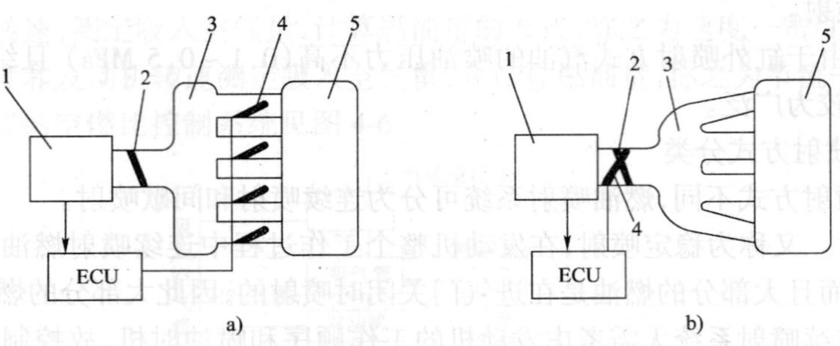

图4-8　多点喷射与单点喷射

a)多点喷射；b)单点喷射

1-空气流量计；2-节流阀；3-进气管；4-喷油器；5-发动机

相比而言，单点喷射系统可采用更低的喷油压力(只有0.1MPa)，虽然其性能略逊于多点喷射系统，但其结构简单、成本低、故障率低、工作可靠，对发动机改动少，且维修方便，故20世纪90年代的小排量普通轿车上曾得到广泛应用。

5．按喷射装置的控制方式分类

按喷射装置的控制方式不同，燃油喷射系统可分为机械式、机电混合式和电子控制式3种。

1)机械式燃油喷射系统。早在20世纪50～60年代就运用于汽车上，采用连续喷射方式，又可分为单点喷射和多点喷射。

2)机电混合式燃油喷射系统。是在机械式燃油喷射系统的基础上改进后的产品。其特点是增加了一个电子控制单元(ECU)。ECU可根据水温、节气门位置等传感器的输入信号来控制电液式压差调节器的动作，以此实现对不同工况下的空燃比进行修正的目的。

3)电子控制式燃油喷射系统。电子控制式燃油喷射系统简称EFI，在20世纪60～70年代大多只控制汽油喷射，20世纪80年代开始与点火控制一起构成发动机集中控制系统。电子控制单元通过各种传感器来检测发动机运行参数(包括发动机的进气量、转速、负荷、温度、排气中的氧含量等)的变化，再由ECU根据输入信号和数学模型确定所需的燃油喷射量，并通过控制喷油器的开启时间来控制喷入汽缸内的每循环喷油量，进而实现对汽缸内可燃混合气空燃比进行精确配制的目的。最佳点火时刻也用同样的方法计算，修正后送给点火电子组件，控制点火时刻。此外，根据发动机的要求，ECU还可控制怠速(ISC)和废气再循环(EGR)等其他系统。

由于电子控制式燃油喷射系统在发动机各种工况下均能精确计量所需的燃油喷射量，且使用精度高，稳定性好，能实现发动机的优化设计和优化控制。因此，在汽车发动机燃油喷射系统中得到广泛应用。

6．按电子控制系统的控制模式分类

按电子控制系统的控制模式进行分类，发动机电子控制系统可分为开环控制和闭环控制两种类型。

1)开环控制。是把根据实验确定的发动机各种运行工况所对应的最佳供油量的数据事先存入计算机中，发动机在实际运行过程中，主要根据各个传感器的输入信号，判断发动机所处的运行工况，再找出最佳供油量，并发出控制信号。控制信号经功率放大器放大后，再驱动电磁喷油器动作，以此精确地控制混合气的空燃比，使发动机处于最佳运行。因此开环控制系统只受发动机运行工况参数变化的控制，按事先设定在计算机 ROM 中的实验数据流工作。其优点是简单易行；缺点是其精度直接依赖于所设定的基准数据的精度和电磁喷油器调整标定的精度。但当喷油器及传感器系统电子产品性能变化时，混合气就不能正确地保持在原预定的空燃比数值上。因此，它对发动机及控制系统的各个组成部分的精度要求高，系统本身抗干扰能力较差，而且当使用工况超出预定范围时，就不能实现最佳控制。

2)闭环控制系统。在排气管上加装了氧传感器，可根据排气中含氧量的变化，测出吸入发动机燃烧室内混合气的空燃比值，并把它输入到计算机中再与设定的目标空燃比值进行比较，将误差信号经放大器放大后输入控制电磁喷油器，使空燃比值保持在设定的目标值附近。因此闭环控制可以达到较高的空燃比精度，并可消除产品差异和磨损等引起的性能变化，工作稳定性好，抗干扰能力强。

为了获得高的经济性和减少排放污染，目前许多系统使用三元催化装置，同时处理发动机废气中的 CO、HC 和 NOx 3 种有害气体，降低排污量：而三元催化剂的净化能力与混合气的空燃比有关，在理论空燃比附近，3 种有害气体才能同时净化。一般在电子控制喷射装置中增添 1 个氧传感器安置在排气管内，输出 1 个氧含量信号，反馈给控制器，随时修正喷入发动机的燃油量，维持混合气的平均值在理论空燃比范围内，如图 4-9 所示。对特殊的运行情况，如起动暖机、加速、怠速、满负荷等，需加浓混合气时，仍需采用开环控制，使电磁喷油器按预先设定的加浓混合气喷油工作，充分发挥发动机的动力性能。所以，目前普遍采用开环和闭环相结合的控制方案。

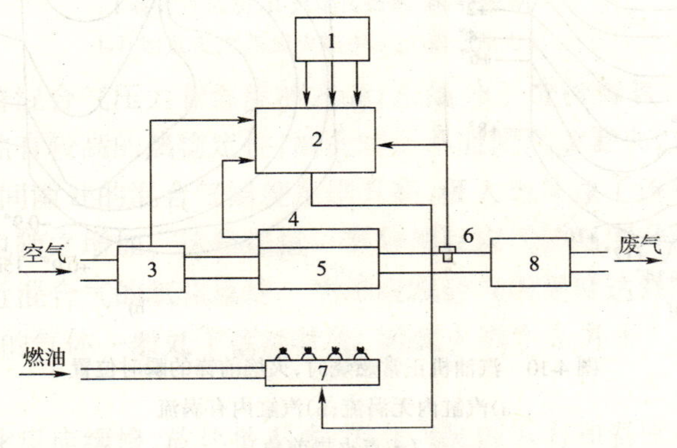

图 4-9　闭环控制喷射系统框图

1-传感器；2-控制器；3-空气流量传感器；4-点火装置；5-发动机；6-氧传感器；7-喷油嘴；8-催化剂

总之，采用电子控制汽油喷射系统，对实现过程控制的优化、改善发动机运行工况的性能，比化油器供油具有明显的优越性。

汽油机技术在增加功率、降低耗油、增大压缩比、改善加速性、提高燃料辛烷值、改进燃烧室等方面已经有了许多进展，使汽油机的技术经济性能达到了相当的水平。但是，由于混合气空燃比只能在很窄的范围内变化(空燃比在 12.5～17 范围内)。常用的空燃比范围内排放污染综合浓度也比较高，循环热效率也难于趋近标准空燃比循环的理论热效率，如按空燃比 20 或 27 工作与理论空燃比 14.8 的循环相比，热效率可提高 8%或 12%。另外，由于采用节流方法调节负荷，恰恰使汽油机的经济性能和排放性能在部分负荷时都趋于恶化。针对这些不完火焰前锋面内混合气的密度 ρ_0。

这一时期为燃烧过程的主要阶段，它进行得如何，直接影响着汽油机的性能。

3．补燃期

从最高压力点3点起，至燃油基本上完全燃烧为止的这段时期称为补燃期，如图4-11中的Ⅲ。在上一阶段虽然火焰传遍整个燃烧室，但烃的氧化是个复杂的过程。因此上一时期结束后仍有少量油分子缺氧、燃油高温裂解产物以及附面层内（贴附在燃烧室壁面上）的混合气，在补燃期内继续燃烧。但由于汽油机混合气形成时间长，且比较均匀，因此补燃量较柴油机少得多。

为保证汽油机工作柔和，动力性、经济性好，希望燃烧过程中 $\Delta p/\Delta\varphi$ 值在 170～240（kPa/℃A）范围内，最高压力点在上止点后12°～15°曲轴转角内出现，并尽可能缩短补燃期。

（三）汽油机的不规则燃烧

汽油机的不规则燃烧是指在稳定正常运转情况下，各循环之间的燃烧差异和各汽缸之间的燃烧差异。

在发动机设计中，应尽量保证不同工况时，每缸的不同循环之间的波动及不同汽缸之间的燃烧差异最小，从而保证发动机处于最佳工作状况。但是，影响发动机工作的因素很多。对于各缸和各循环而言，混合气温度存在差异，点火提前角和燃料供给系统的调节不一定都处在最佳值，这就影响各缸和各循环初始火焰形成时刻的稳定性，导致各缸和各循环最大燃烧压力和平均指示压力的变化。

1．各循环之间的燃烧差异

各循环间的燃烧差异主要是燃烧的不稳定性。表现为循环的压力波动。这种波动幅度越大，燃烧越不稳定，最高燃烧压力对曲轴转角的分布离散性越大。

影响循环变动的因素较多，如混合气浓度、发动机负荷、发动机转速、点火时刻、燃烧室的形状、火花塞位置、压缩比、配气正时等。为提高发动机功率，减少油耗，降低排放污染与噪声，应使燃烧变动降低到最小限度。如适当提高发动机转速及负荷、增大点火提前角、使过量空气系数 $\alpha=0.8\sim0.9$、加强气体紊流、增加点火能量、采用多点点火等。

2．各汽缸间的燃烧差异

各汽缸间燃烧差异主要是由于燃料分配不均使空燃比不一致所造成的。进气量、进气速度、气流扰动强度、燃烧室形状、压缩比、火花塞位置对各汽缸间的燃烧差异也有影响。

由于各缸混合气成分不同，不能使各缸都处于理想的经济混合气或功率混合气工作，使发动机功率下降，油耗上升，排放污染加大，甚至个别汽缸出现活塞、气门过热，火花塞烧损等现象。

影响混合气分配不均的因素很多，其中影响最大的是化油器和进气管。为减少各缸混合气分配不均现象，化油器安装位置应适当，保证化油器至各缸气道有接近同样的路径。进气系统的零件设计要合适，保证进气管对各汽缸有相同的通道（包括管长、直径、对称性等），具有较强的紊流、光滑的内表面及弯道少等。在安装过程中，要保证各缸进气管与缸体进气孔连接处对正，避免由此引起进气阻力不同。采用进气管预热等方法可以改善燃料的蒸发，以利于分配均匀。改进进气管结构，如将单歧管进气结构改为双歧管进气结构后，可以改善燃料的均匀分配。

采用汽油喷射技术，可以改善雾化品质，使各汽缸间混合气的分配均匀，如多点喷射的汽油机燃料喷射系统在各缸的进气门前装一个喷油器，使各缸供油量保持一致，发动机性能得到改善。

（四）燃烧室壁面的熄火作用

在火焰传播过程中，燃烧室壁面对火焰具有熄火作用，即紧靠壁面附近的火焰不能传播，这样，在熄火区内存在大量未燃烧的烃，是排气中 HC 的主要来源。一般解释缸壁熄火是由链反应中断或冷缸壁使接近缸壁的一层气体冷却所造成。根据试验观察所知，当 $\alpha=1$ 左右，熄火厚度最小，混合气加浓或减稀，此厚度均增加。负荷减小时，熄火厚度显著增加。燃烧室温度、压力提高，汽缸紊流加强，熄火厚度均减小。

根据熄火厚度可以推定熄火领域的容积，从而可以说明排气中 HC 的浓度。应尽量减小熄火厚度及燃烧室的面容比（FV_c），以降低汽油机的 HC 排出量。

二、不正常燃烧

（一）爆震燃烧

在汽油机中，火花塞跳火，形成火焰中心以后，火焰前锋面以 $u=30\sim60\text{m/s}$ 的速度向前推进时，距离火焰中心较远处的混合气（即末端混合气）受到燃烧产物强烈地压缩和热辐射，使其温度压力急剧升高，加速了末端混合气的焰前反应，以致在火焰前锋尚未到达之前产生 1 个或几个自燃点，形成新火焰中心，产生新的火焰传播。根据高速照相观察，这种新的火焰传播速度高达 1500～2000（m/s），使末端混合气迅速燃烧完毕。由于这种燃烧速度极快，气体容积来不及膨胀，使局部温度和压力急剧升高，形成了压力波。压力波以超音速的速度传播，撞击燃烧室壁，发出尖锐的金属敲缸声，这种现象称为爆震燃烧（简称爆燃）。从汽油机爆震燃烧示功图 4-12 可以看出，在明显燃烧期末，膨胀开始时，压力有高频大幅度的波动，这就是汽缸内产生压力波的证明。

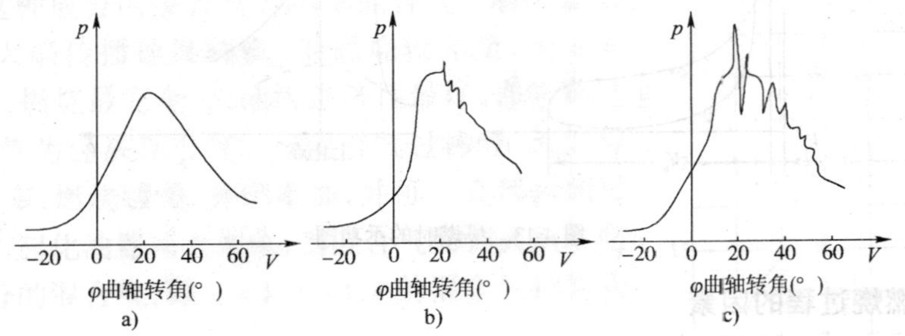

图 4-12　汽油机爆震燃烧示功图

a）正常燃烧（$\theta=28°$点火提前角）；b）轻微爆燃（$\theta=28°$点火提前角）；c）严重爆燃（$\theta=32°$点火提前角）

爆震燃烧对汽油机的正常工作有很大危害，由于在高温下（局部可达 4000K），燃烧产物 CO_2 等将分解成 CO、NO 和游离碳，使排气冒黑烟。由于强压力波对汽缸壁反复冲击，破坏了壁面上的附面层和润滑油膜，使燃气对汽缸壁的传热增加，造成汽缸等机件温度过高，冷却系过热，热损失增加，同时也增加了机件的磨损，长时间的强烈爆燃，不仅引起汽油机功率及热效率下降，而且由于局部过热，将导致铝合金活塞及缸盖产生局部金属软化等故障，使发动机寿命降低。因此，不允许汽油机长时间的在爆燃情况下工作，但如发生短暂的、轻微的爆燃，对发动机并无明显的危害。

爆燃的产生与很多因素有关，例如燃油品质、点火时刻、混合气成分、发动机的转速与负荷、压缩比以及燃烧室的结构等，凡是能促使缩短火焰传播距离（即火花塞到燃烧室最远点的间转过的曲轴转角也增大了,因此压力升高比 $\Delta p/\Delta\varphi$ 与燃烧最高压力值随转速变化不大。此外,转速增加时混合气形成的品质提高;压缩过程中漏气损失及散热损失减少,使压缩终了时混合气的温度和压力均有所增加,有利于缩短着火延迟期。但另一方面,随着转速的增加,残余废气系数增加;气流吹走电火花的倾向增大,又促使着火延迟期增加,这些因素综合作用的结果,使以时间计算的着火延迟期与转速的关系不大,但是以曲轴转角计算的着火延迟期却随转速的增加而变大。这时如保持点火提前角不变,则燃烧过程终点可能延迟到膨胀过程中,使汽油机动力性、经济性均下降。为了保证燃烧过程在所有转速下都能正常进行,必须随着转速的增加而相应地增大点火提前角。现代汽油机上均设有离心式点火提前角自动调节装置,以保证随转速增加自动调节,使点火提前角相应地增大(见图 4-16)。

转速增加时,火焰传播速度增加,末端混合气尚未达到自燃时,火焰就可传播到整个燃烧室;同时转速升高时,汽缸内残余废气量增加,使末端混合气在火焰前反应减弱,因此在高转速时不易发生爆燃。相反,汽油机在低速运行时,就容易发生爆燃。

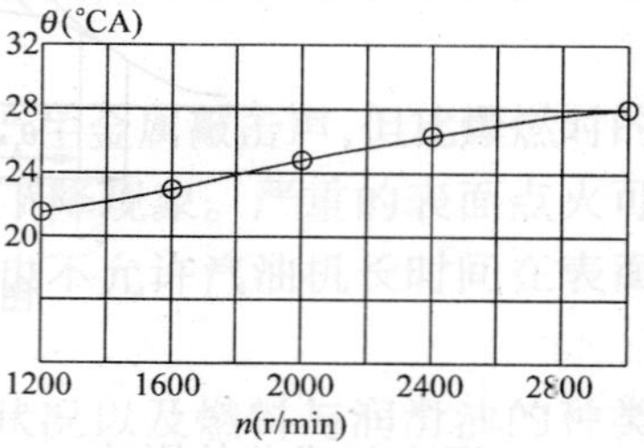

图 4-16　25Y-6100Q 型汽油机点火提前角随转速的变化关系

4．负荷的影响

汽油机负荷变化时,是通过改变节气门开度,从而改变了进入汽缸的混合气数量来实现调节的,这种调节负荷的方法称为量调节。

当负荷减小时,即节气门开度减小,这时进入汽缸的混合气数量减少,但由于此时汽缸内残余废气量不变,因此残余废气系数增大,使着火延迟期增长,燃烧缓慢,结果使燃烧过程所占曲轴转角增加,最高温度和最高压力均下降。为了使燃烧过程能在上止点附近完成,在负荷减小时,必须相应地增大点火提前角。现代汽油机中均采用真空式点火提前角调节装置,在汽油机工作中根据负荷的变化,自动调节点火提前角。

汽油机在低负荷时,由于汽缸内温度、压力都比较低,而且残余废气系数较大,因此产生爆燃的倾向减小。故在汽油机运转中产生爆燃时,可用减小负荷的方法来消除它。

(二)构造因素对燃烧过程的影响

1．压缩比的影响

从定容加热循环可知,提高汽油机热效率的主要措施是提高压缩比。在实际汽油机中,完全证实了这一点。因为增加压缩比,不仅压缩终了时混合气的压力和温度增高,加快燃烧速度,缩短燃烧时间,使燃烧最高压力接近于上止点。而且压缩比增加的同时增大了膨胀比,使燃烧产物膨胀完全,燃料的热能得到充分地利用。因此,增加了汽油机的有效功率,降低了燃料消耗率。

但是,随着压缩比的增加,由于压缩终了时混合气的压力和温度升高,而使产生爆燃的倾向增加。为此必须采取相应的措施,以防止在提高压缩比的同时产生爆燃。实验证明,提高燃料的辛烷值和改进燃烧室结构设计是减小爆燃倾向的主要途径。应该指出,压缩比增加到 10 以上时,对于提高汽油机的功率和热效率并无明显的效果,相反却增加了爆燃和表面点火的倾向,又会增加排气中的污染物,因此目前的趋势是不过高地增加压缩比,以改善排气污染。

2．燃烧室形式及火花塞位置的影响

燃烧室形式及火花塞位置,直接影响到火焰传播距离,火焰前锋面的形状和大小、火焰传播速度及末端混合气的温度,因而影响到汽油机的动力性、经济性和爆燃倾向。

燃烧室的结构应紧凑，其最大火焰传播距离以及面容比（即燃烧室的表面积与其容积之比 FV_c）要小，这样就可以缩短火焰传播距离并减少散热损失，即有利于提高汽油机的动力性和经济性，又有利于减小爆燃倾向。

火花塞的位置应布置在燃烧室中心附近，靠近排气门处，这样就可以缩短火焰传播距离和燃烧时间，同时可将排气门处因高温易产生爆燃的混合气较早地烧掉，减小了爆燃倾向。此外，火花塞的布置还应考虑到，要使火花塞电极能得到进气冷却，并使电极附近的废气得到清除。因为火花塞过热，容易引起早燃；电极附近废气过多会造成断火，尤其是在怠速和小负荷时，汽油机不能稳定工作，因此希望火花塞靠近进气门布置。

3. 混合气涡流的影响

混合气涡流对加速火焰传播、提高燃烧速率、缩短燃烧时间有很大影响，因此是提高汽油机功率和经济性以及减小爆燃倾向的重要因素。但涡流强度必须适当，涡流过强不仅引起热损失增加，甚至还可能吹灭火花塞处最初形成的火焰中心。

在燃烧室内形成涡流的方法，通常是组织进气涡流和挤气涡流。适当偏置的进气道可以引导进气流产生一定的涡流运动；同时在活塞顶面与汽缸盖之间的挤气面积处，对混合气的挤压形成了挤气涡流，挤气涡流的强度由挤气面的大小和挤气间隙决定，挤气面积越大而间隙越小则挤气涡流越强。

4. 汽缸直径的影响

汽缸直径增加，燃烧室尺寸随之相应地增加，而燃烧室的面容比减小，因而散热损失减小，经济性提高，但是汽缸直径增加也增加了火焰传播距离，使末端混合气的温度升高，故爆燃倾向增加。因此汽油机汽缸直径一般都小于 100(mm)。

5. 汽缸盖与活塞材料的影响

汽缸盖和活塞常用的材料是铸铁与铝合金。因为铝合金的导热性比铸铁好，铝合金制的汽缸盖和活塞工作表面的温度较低，使发动机的热负荷明显下降，因此也使发动机产生爆燃的倾向减少。

6. 冷却方式的影响

不同的冷却方式对汽油机的爆燃倾向有不同的影响。采用水冷却的汽油机燃烧室工作表面的温度总是比空气冷却汽油机低，因此水冷式汽油机的爆燃倾向比空气冷却式小得多。

第五章　柴油机可燃混合气的形成与燃烧

柴油机使用的燃料是较难挥发而较易自燃的柴油，因此它能在压缩行程接近终了时才借助于喷油设备将燃油在高压下以高速喷入燃烧室。被撕裂成细小微粒的燃油迅速蒸发与空气混合，由于混合时间极短，燃烧室中混合气成分随时间和空间都极不相同，构成不均匀混合气，而且这种不均匀可燃混合气不是由外源点燃，而是燃油在高温下自燃着火燃烧。由此使得柴油机燃烧的组织与汽油机有着本质的不同。

柴油机燃烧过程的组织与燃料喷射系统、燃烧室以及燃烧室中空气运动三者密切相关，并且主要在于三者之间的互相配合，其情况千变万化，较汽油机更复杂、困难，需经大量实验调试最后确定。本章着重介绍柴油机可燃混合气的形成和燃烧的基本要求及主要影响因素。

第一节　柴油机可燃混合气的形成

一、柴油机可燃混合气形成的特点

柴油机使用的燃料是柴油，由于柴油的黏度大、蒸发性差，故必须采用高压喷射法，借助喷射设备(喷油泵和喷油器等)将柴油以雾状在压缩行程终了前喷入汽缸，由高温空气的加热，被喷散成雾状的油粒很快就蒸发、汽化，并直接在汽缸内与空气混合成可燃混合气，而后在一定条件下自行发火燃烧。

由于在压缩行程终了前才开始喷油，因此柴油机的混合气形成时间很短，一般仅占 15°～35°曲轴转角，对 1500r/min 的柴油机来讲，也就只有 0.0017～0.004s 短的时间，使燃料来不及与空气很好地混合，因而造成混合气在燃烧室各处极不均匀，并且随着燃料不断喷入，汽缸内混合气成分也在不断改变。

柴油机负荷的调节是采用质调节，即负荷改变时充气量基本不变，而靠改变喷入汽缸的柴油量来调节负荷，因此改变负荷也就改变了混合气的值。为了保证燃料完全燃烧，柴油机在满负荷工况时，过量空气系数 α 均大于 1；至于怠速工况，α 值就更大，甚至可达 4～6。

二、可燃混合气的形成方式

柴油机可燃混合气的形成基本上有两种形式，即空间雾化混合与油膜蒸发混合。

(一)空间雾化混合

将燃油喷向燃烧室空间，形成空间雾化油滴，并从高温空气中吸热蒸发并扩散，与空气形成混合气。为促使混合气均匀，要求喷油器喷出的油束与燃烧室形状相配合，并利用燃烧室内的空气运动形成混合气。

(二)油膜蒸发混合

将大部分柴油喷射到燃烧室壁面上，在燃烧室内强烈旋转的气流作用下，形成一层均匀的油膜。油膜受热逐层汽化蒸发并与空气混合，形成均匀的可燃混合气。

在小型高速柴油机中,混合气的形成以空间雾化为主,油膜蒸发为辅。因为柴油或多或少地会被喷到燃烧室壁上,因此两种混合方式都兼而有之,只是多少、主次各有不同。

三、柴油的喷雾

(一)燃油喷射系统的作用

将柴油分散成细粒的过程,称为柴油的喷雾或雾化。将柴油喷散雾化可大大增加其蒸发表面积,增加柴油与空气接触氧化的机会,促进了可燃混合气的形成,同时也加速了柴油在燃烧前的物理化学准备过程。

燃油喷射系统包括:喷油泵、喷油器和高压油管。其作用是按柴油机各种工况的需要将定量燃油,在适当的时间,以合适的中间形态喷入燃烧室,即对燃油的数量、喷油的时间及油束的空间形态三方面实行有效的控制。这对混合气的形成以及燃烧过程的有效组织有着重要作用。因此燃油喷射系统应满足:

1)喷油量能随负荷的变化而变化;

2)油束应有良好的雾化品质,并与燃烧室很好地配合,以提高缸内的空气利用程度,形成均匀的可燃混合气;

3)喷油率的变化与燃烧速率相适应,以提高燃烧的平稳性及有效性;

4)喷油定时特性应适应柴油机的转速和负荷的变化;

5)系统有较高的工作可靠性及较长的使用寿命,并能保证稳定的喷射特性。

(二)喷射过程

在燃油喷射系统中,燃油压力在极短的时间内变化很大,喷射时最高压力可达数百乃至上千个大气压;而某些区域最低压力可能小于大气压,形成空穴,即低于该温度下的燃油蒸汽压而形成气泡的现象。在较高压下,燃油的可压缩性表现明显,在高压系统中就不断有压力波传播,其传播速度为音速。由于压力传播需要时间以及压力波的反射、叠加等,使实际喷油过程与柱塞的供油过程很不一致。图 5-1 给出一台柴油机柱塞供油速度与油嘴喷油速度随凸轮轴转角变化的关系。这种曲线亦称为几何供油规律和喷油规律。供油规律是指单位时间(或喷油泵凸轮轴转角)的供油量随时间(或喷油泵凸轮轴转角)而变化的关系。喷油规律是指单位时间(或转角)的喷油量,即喷油速度随时间(或喷油泵凸轮轴转角)而变化的关系。由图 5-1 可见:

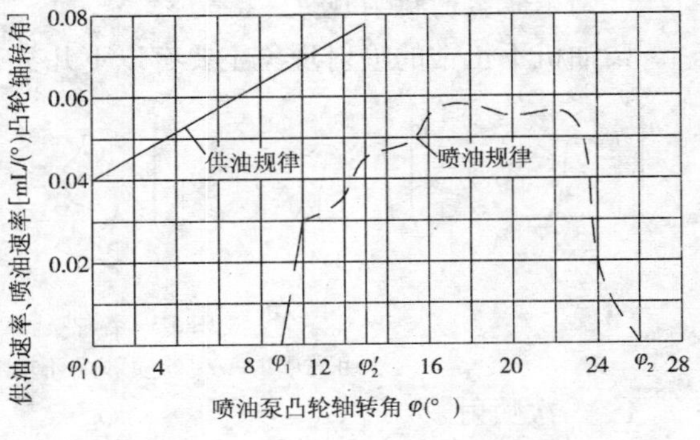

图 5-1 喷油规律和供油规律的比较

(1)喷油始点迟于供油始点。供油或喷油始点常用供油或喷油提前角表示。几何供油提前角指从几何关系上求出柱塞关闭进油孔瞬时至上止点间的曲轴转角。而实际的供油提前角是喷油泵开始压出燃油瞬时到上止点间的曲轴转角,其数据与测量方法有关。产品说明书上给出的供油提前角数据是静态测量,一般是让柴油机处于停机状态,缓慢转动飞轮,观察出油管开始冒出燃油来确定。喷油提前角指喷油器针阀开始抬起瞬时与上止点间的曲轴转角,针阀开始抬起时的压力即针阀开启压力,一般称为喷油压力。

(2)供油和喷油延续时间不同。从几何供油始点到几何供油终点(柱塞控油斜边与回油孔相切)间的时间间隔称为几何供油延续时间,其相应的曲轴或凸轮轴转角即几何供油延续时间。从喷油始点到喷油终点(针阀落座时)间的时间间隔称喷油延续时间,其相应的曲轴或凸轮轴转角即喷油延续角。

(3)喷油规律和供油规律也不相同。

从喷油规律可以了解到:

(1)喷油提前角和喷油延续角。它们对柴油机性能有重要影响,喷油延续角小,相对一定喷油量,则喷油速度必需大,一般可以得到较好的油耗和排气烟度,但有时会使柴油机工作粗暴。反之,喷油延续角大,使燃烧过程时间拉长,尽管柴油机工作较柔和,但功率、油耗、排烟可能变坏。所以必须严格控制喷油延续角,不同机型最后需由试验确定,一般为16°~35°曲轴转角。

(2)从针阀振动和喷油末尾情况可知喷射过程是否正常。

(3)燃油在喷射期间的分配比例。

一般认为,从减轻燃烧粗暴性考虑,在着火延迟期内喷油速率应该小些,而在喷射中、后期加大喷油速度,以保证燃烧效率。从总的性能考虑,在噪声和燃烧压力允许的条件下,以采用较小的喷油延续角和较高的喷油速率较为有利。图5-2给出几种典型喷油规律图。图5-2a)采用高速凸轮,喷油速率大,曲线变化很陡,喷油延续时间短,柴油机经济性和动力性好,但工作粗暴、噪声大。图5-2b)所示喷油规律,开始喷油速率大,曲线上升陡,柴油机工作粗暴;而后曲线下降平缓,后喷油速率过小,喷油延续时间长,使燃烧时间拖长,补燃多,性能不好。图5-2c)喷油规律,开始喷油速率较低,曲线变化平缓,柴油机工作柔和;接着加大喷油速率,使喷油延续时间不致太长,保证燃烧效率,效果较好。

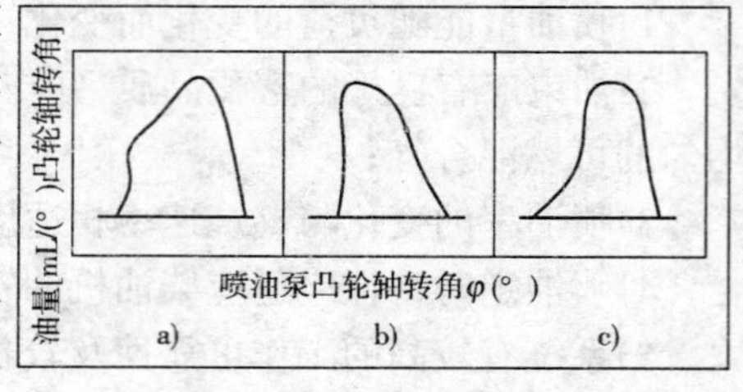

图5-2 几种喷油规律类型

除了燃油喷射系统外,燃烧过程还受汽缸内气流等一系列因素的影响,情况比较复杂。

(三)不正常的喷射现象

柴油机不正常的喷射现象主要有以下几类,见图5-3所示。

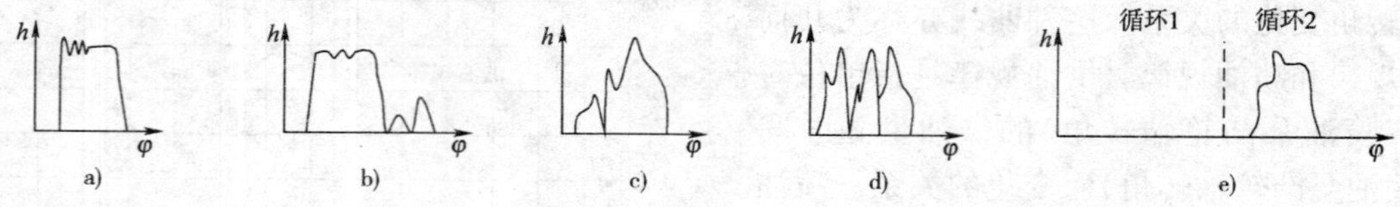

图5-3 各种喷射情况的针阀升程图

a)正常喷射;b)二次喷射;c)不规则喷射;d)断续喷射;e)隔次喷射

1. 二次喷射

柴油机在高速、高负荷时,循环的供油时间缩短,供油量增大。因此,缸内的压力波动增强。由于高压油管内的压力过大,以至于在正常的喷油过程结束后,再一次将喷油器的针阀顶开。这实际上增加了喷油量,而且喷油时间也增长了。由于这部分燃油喷入时间较晚,因此,对混合气的形成不利,补燃严重,排烟增加,喷油嘴也容易形成积炭。

避免二次喷射的措施有:

(1)提高喷油嘴的开启压力和缩短高压油管的长度;

(2)喷油泵的出油阀做成带回流节流带的泄油阀形式;

(3)在喷油嘴处附加泄油柱塞,在喷油嘴关闭时让出一定容积;

(4)适当加大喷油嘴的喷孔直径及减少高压油管储油容积等。

2．不规则喷射

指各循环喷油量不断变动的现象，这会导致燃烧不稳定。在低负荷时，由于循环供油量较少，在高压油管内不易建立起高压，高压油管的压力波动作用明显，因而容易发生不规则喷射现象。

3．断续喷射

在低速、小负荷时，由于供油量较少，高压油管内较低的压力波及较小的供油率，使得在喷油阶段高压油管内的压力不足以保持克服喷油嘴针阀复位弹簧的弹力，针阀时而打开，时而落座。这容易引起喷油嘴的磨损。

4．隔次喷射

当循环供油量太少，高压油管的压力太低时，有可能使得整个喷油期内的高压油管压力波不能顶开针阀，该循环不能供油。也许在下一个循环，由于高压油管内有前一循环油量的积累，才有可能向缸内喷油。严重的断续喷射就可能造成隔次喷射。

5．滴漏

即使在针阀密封良好的情况下，喷油终了时，由于喷油压力小，喷油量少，喷油速度较低，燃油以油滴的形式结集在喷孔处，由于雾化不好，容易形成积炭，致使喷孔堵塞，这种现象在高压油管压力小、喷孔面积大、减压效果差、针阀关闭压力小时容易出现。

(四)油束的形成及特性

1．油束的形成

柴油在高压作用下，以很高的速度(100～300 m/s)从喷油器喷孔喷出，在高速流经喷孔时产生的内部扰动和汽缸内高压空气(3000～5000 kPa)的作用下，被粉碎成细小的油粒。从喷孔喷出的油粒群形状如圆锥，即称之为油束或喷注。图 5-4 为油束简图。在油束中间部分的油粒粗而密集，且动能大、速度高，越向外围。油粒越细，速度越低。外部细小油粒最先蒸发并与空气混合形成可燃混合气。

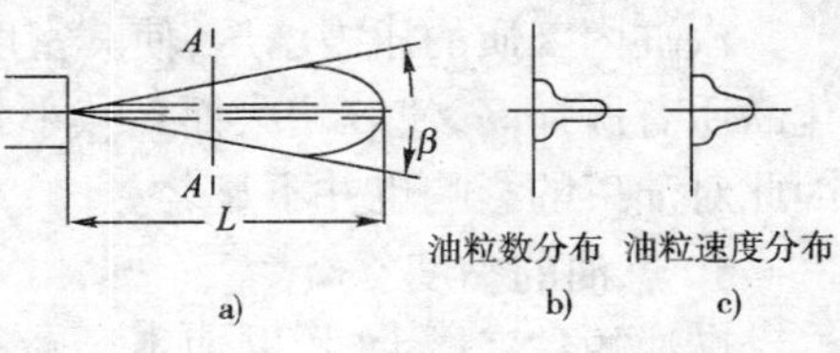

图 5-4　油束的形成

a)油束形状；b) A-A 面上油粒数分布；c) A-A 面上油粒速度分布

2．油束的特性

油束的特性可用喷雾锥角、射程和雾化品质来说明。

1)喷雾锥角 β。喷雾锥角 β 标志油束的紧密程度，β 大说明油束松散、油粒细，雾化品质好。β 主要决定于喷孔的尺寸和形状。

2)油束射程(亦称贯穿距离) L。油束射程表示油束前端在压缩空气中贯穿的深度。L 的大小对燃油在燃烧室中的分布有很大影响，如果燃烧室小而 L 大，就有较多的燃油喷到燃烧室壁上。反之 L 过小，则燃油不能很好地分布到燃烧室空间，燃烧室内的空气得不到充分利用。因此，油束射程必须根据混合气形成方式的不同要求与燃烧室相配合。

3)雾化品质(雾化特性)。雾化品质表示燃油喷散雾化的程度，一般是指喷散的细度和均匀度。喷散细度可以用油束中油粒的平均直径来表示。平均直径越小，则喷雾越细。均匀度是表示全部油粒直径的相同程度，可用油粒的最大直径与平均直径之差来表示。直径差值越小，则喷雾越均匀。图 5-5 所示是油束的特性曲线，其中曲线 1 顶峰靠近纵坐标轴，而且曲线窄，说明喷雾细且较均匀。

（五）影响油束特性的因素

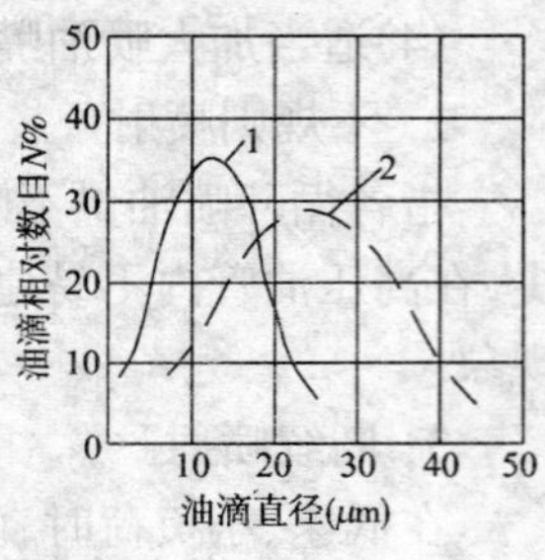

图 5-5 喷雾特性曲线
曲线 1-喷射压力为 34MPa；曲线 2-喷射压力为 15 MPa

影响油束特性的因素很多，主要有喷油嘴的结构和尺寸、喷油压力、喷油泵凸轮外形和转速、汽缸内压缩空气及压力以及燃油的黏度等。

1. 喷油嘴的结构和尺寸

喷油嘴的结构不同，引起油束形成的内部扰动也不同，从而就产生不同形式的油束，油束应与燃烧系统密切配合，不同的燃烧方式，要求不同形式的油束，因而就使用不同结构的喷油嘴。

当喷油压力、汽缸内压缩空气反压力及喷孔总截面积均不变，而增加喷孔数目时，则每个喷孔的直径减小，燃油流出喷孔时节流增大，在喷孔内的扰动增加，因此雾化品质提高；相反，喷孔直径增大时，则油束核心稠密，射程 L 增大。

2. 喷油压力

喷油压力越大，则燃油流出喷孔的初速度越大，在喷孔内的扰动程度以及喷射时受到汽缸内压缩空气的阻力也越大，雾化品质越好。喷油压力增加时，使油束射程 L 也随之增加。

3. 喷油泵凸轮外形及转速

当凸轮外形较陡或凸轮轴转速增高时，均使喷油泵的柱塞供油速度加快，由于喷油器喷孔的节流，燃油不能迅速流出，使高压油管中油压增加，从而使燃油从喷孔中流出的速度随之增加，因此雾化品质好，油束射程和喷雾锥角均有所增加。

4. 汽缸内压缩空气的反压力

汽缸内工质的压力增压，使其密度增大，引起作用在油束上的空气阻力增加，因此燃油雾化品质有所提高，使 β 增大而 L 减小。在非增压柴油机中，汽缸内压缩空气的压力变化不大，因此对油束的影响也并不显著。

5. 燃油的黏度

燃油的黏度增大时，燃油不易喷散雾化，因此高速柴油机均选用黏度低的轻柴油作为燃料。

四、燃烧室内空气运动对混合气形成的作用

燃油的喷散雾化是混合气形成的首要步骤，其次是怎样使喷散的燃油与空气进行有效的混合。一种途径使燃油去找空气进行混合，即利用多孔喷嘴喷出几股油束，以此增加燃油与空气混合的机会。这种混合方式使两油束间的空气不能及时地充分利用；而且在每一油束附近着火燃烧后，特别是在燃烧后期，燃烧产物容易把未燃油粒包围起来，使未燃油粒更不易找到新鲜空气。因此在过量空气系数较大而燃烧时间又较长的低速大型柴油机中，可采用此种混合方式。而在转速较高，α 相对较小且燃烧时间短促的高速柴油机中，采用这种混合方式显然达不到迅速而完全燃烧的目的。因此必须采取最有效的措施，即组织空气涡流运动，以促进可燃混合气的形成与燃烧，燃烧室内空气的涡流运动对混合气形成的作用是：

1. 空气的涡流运动可以促使油束分散，增大混合范围

由于油束中油粒大小不等，因此在涡流作用下运动轨迹也不相同。油束核心部分的大油粒在气流作用下偏转较小，而油束外围的细小油粒质量较小，随着与空气的相对运动，很快就从自己的运动轨迹转移到空气的运动轨迹上去，因此空气运动促使油粒分散到更大的容积之

中与空气混合，转速越高，涡流越强，气流对油束的分散作用越大。

2. 热混合作用

在燃烧室内空气强烈的涡流作用下，由于液体油粒或燃油蒸气的密度比空气大，使其沿螺旋线轨迹向外飞向汽缸壁面；而已燃气体的密度比空气小，因此沿螺旋线轨迹向内运动。由于火焰向中心运动，又将汽缸中心部分的新鲜空气挤向外壁与未燃烧的燃油混合，这样就使已燃气体与未燃物分开，促进了混合气的形成与燃烧，这种混合作用称为热混合作用。

此外，空气的涡流运动还有助于加速火焰传播，促进燃烧迅速完全。

第二节 柴油机的燃烧过程

发动机的燃烧过程是将可燃混合气中燃料的化学能通过极为迅速的燃烧化学反应转化为热能，并伴有强烈的发光效应的过程。燃烧过程进行的好坏，不仅关系到能量转换效率的高低，从而直接影响发动机的动力性和经济性；而且对发动机的运转性能指标（如起动、噪声、排气品质等）以及机械强度和热强度等性能，也有重要的影响。

一、柴油机中的着火分析

柴油喷入燃烧室后，油束中的细小油粒经过加热、蒸发、扩散与空气混合等物理准备和分散、氧化等化学准备阶段后，在一定条件下自行着火燃烧。

1. 着火条件

将一油滴放于静止的热空气中，如图 5-6 所示，空气的温度为 T_0，油滴被空气加热温度升高，同时表面开始蒸发，并向周围扩散与空气混合，经过一段时间，在油滴周围形成一层燃料与空气的混合气。接近油滴表面混合气浓度高而温度低。随着离开油滴表面的距离增加，混合气的浓度降低，温度升高。图 5-6 中曲线 C 表示浓度、曲线 T 表示温度的变化情况。实验表明，发火地点不在浓度高的油滴表面附近，也不在远离油粒表面的稀混合区，而在上述两者之间浓度适当、温度足够高的区域，这里反应速度越高。由此可知，着火需要具备的两个条件是：

(1)可燃混合气的浓度应在着火界限之内，也就是在形成的可燃混合气中，燃料蒸汽与空气的比例要在一定的范围内，这个范围就是着火界限。

(2)可燃混合气的温度必须达到着火温度。着火温度，就是燃料不用点燃而能自己着火的最低温度。

2. 实际柴油机中的着火

实际柴油机中的着火相当复杂，因为燃油被喷入燃烧室，分散成一束大小不同的油粒群，并且燃烧室内各点温度又有差异。因为油粒燃烧前物理化学准备时间有长有短，而且相邻油粒形成的混合气又会互相干扰，互相渗透。图 5-7 为油束在有旋流着火情况示意图。在油束的外围，油粒直径小，蒸发快，在很短的时间就可以形成浓度适当的可燃混合气区域，但此时温度不够，化学准备尚未完成。经过一段准备时间，由于扩散作用，使此区域混合气变稀，因此难于着火，而油束核心部分则为较大油粒集聚区，蒸发慢，更不会首先着火。首先着火的地方是在油束核心与外围之间混合气浓度适当的地方。由于在燃烧室内形成浓度合适的混合气及温度足够的地点不止一处，因此着火点一般也不止一个。由于柴油机各个循环中喷油情况与温度状况不可能完全相同，因而使各个循环的着火点数目和位置也不一定相同。

多点着火点出现以后，火焰即向四周传播。传播途中，有的火焰可能因条件不适而熄灭，但其他区域又会有新的火源产生。

二、燃烧过程

柴油机的燃烧过程,可以从不同的角度用不同的方法进行研究,例如使用高速摄影、光谱分析、抽气分析等。但最简便且应用最多的方法是利用展开示功图分析燃烧过程。图 5-8 为典型柴油机示功图。曲线 12345 表示汽缸内进行正常燃烧的压力曲线,虚线表示不向汽缸喷油的纯压缩、膨胀曲线。

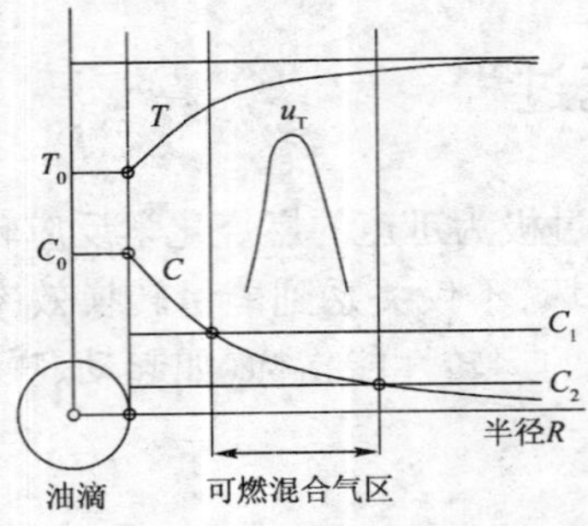

图 5-6 静止油粒周围的温度和浓度分析

T_0-蒸发温度;C_0-蒸发浓度;C_1-燃烧浓度上限;C_2-燃烧浓度下限;u_T-燃烧速度

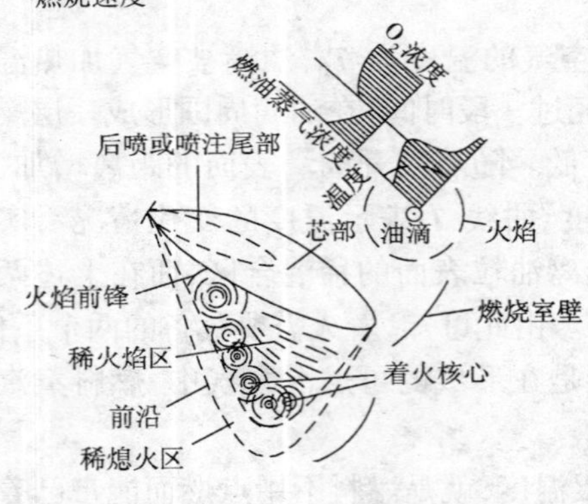

图 5-7 有旋流时的油束着火示意图

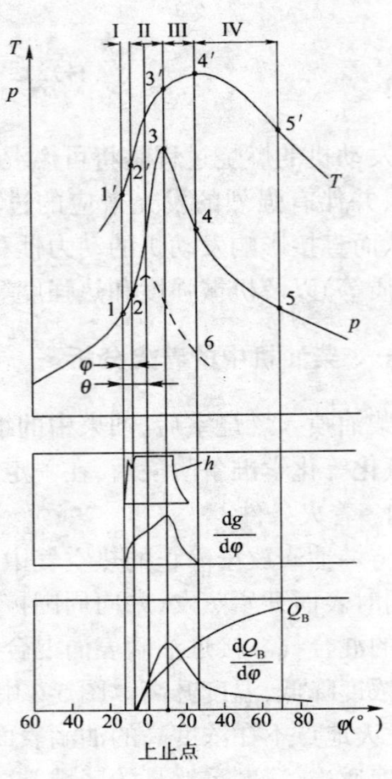

图 5-8 柴油机燃烧过程展开示功图

h-针阀升程;g-循环供油量;Q_B-循环放热量;dQ_B/dt-放热速率;θ-喷油提前角;φ-着火延迟角

根据汽缸内工质压力和温度的变化情况,一般可将燃烧过程分为 4 个时期。

(一)着火延迟期

从喷油开始(图 5-8 中 1 点)到汽缸内压力脱离纯压缩线开始急剧上升的 2 点止,这段时期为着火延迟期(图中的 I)。以 τ(s)或 φ_i(曲轴转角)表示。在着火延迟期内,喷入汽缸的燃料进行雾化、加热、蒸发、扩散与空气混合等物理准备,以及重分子裂化、低温氧化等化学准备,直到在混合气浓度合适、着火前氧化充分的地方,一处或同时几处着火。由于此时化学反应速度慢,放热速率很低,因此汽缸内压力与温度和纯压缩空气相比基本上没什么变化。一般柴油机 $\tau_i = 0.0007 \sim 0.003$s。时间虽短,但对整个燃烧过程,尤其是对第 II 时期影响很大。影响着火延迟期的主要因素是燃油的品质、压缩终了时的温度和压力、喷油提前角、柴油机的转速和负荷等。

(二)速燃期

从压力开始急剧上升的 2 点起,到压力上升缓慢的(或最高压力点)3 点止,这段时期称为速燃期(图 5-8 中的 II)。

由于在着火延迟期内喷入汽缸并具备着火条件的燃油在这一时期几乎同时燃烧,而且是在活塞处于上止点附近,汽缸容积较小的情况下进行的。因此汽缸内压力急剧上升。通常用平均压力升高率 $\Delta p/\Delta\varphi$ 来表示压力升高的急剧程度。

即:

$$\frac{\Delta p}{\Delta\varphi}=\frac{p_3-p_2}{\varphi_3-\varphi_2}(\mathrm{kPa/°CA})$$

式中:p_2、p_3——速燃期起点和终点的压力(kPa);

φ_3、φ_2——速燃期起点至终点间的曲轴转角(℃A)。

压力升高率 $\Delta p/\Delta\varphi$ 决定了柴油机运转的平稳性,如果 $\Delta p/\Delta\varphi$ 过大,则柴油机工作粗暴。工作粗暴的柴油机不仅噪声大,而且运动机件受到很大的冲击载荷,柴油机寿命缩短。因此为使柴油机工作柔和、运转平稳,$\Delta p/\Delta\varphi$ 值应在 400(kPa/℃A)以下为宜。

速燃期内 $\Delta p/\Delta\varphi$ 主要决定于着火延迟期及在着火延迟期内形成的混合气数量,因此缩短着火延迟期 τ_i,减少 τ_i 内的喷油量和形成的可燃混合气数量,均可降低 $\Delta p/\Delta\varphi$,从而使柴油机工作柔和,运转平稳。

速燃期内放热量约占循环总放热量的 1/3,而放热速率 $\mathrm{d}Q/\mathrm{d}t$ 达最大值,有些柴油机最高爆发压力 p_z 也达最大值。

(三)缓燃期

从压力上升缓慢的 3 点起到出现最高温度的 4 点为止,这段时期称为缓燃期(图 5-8 中的 III)。

在缓燃期内仍有大量燃油燃烧,但此期间燃烧是在汽缸容积不断增加的情况下进行的,因此,尽管初期燃烧速度很快,缸内压力却几乎保持不变,随着燃烧的进行,燃烧产物(废气)不断增多,氧气和燃油的浓度不断下降,燃烧条件变得不利,燃烧速度也逐渐缓慢。有些柴油机在缓燃期仍在继续喷入燃油,若燃油喷射到高温废气区,则燃油得不到氧气容易裂解形成炭烟;若燃油喷到氧气充足的区域,由于温度高,着火前化学反应快,τ_i 短,因此,喷入的燃油很快就着火燃烧,但若此时氧气渗透不足,也会因混合气过浓而形成炭烟。因此,如何加强空气运动,加速缓燃期的混合气形成与燃烧,对保证在上止点附近迅速而完全地燃烧有重要作用。

缓燃期结束时,放热量一般达循环总放热量的 70% ~ 80%,缸内温度达最高温度。

(四)补燃期

从缓燃期的终点 4 起到燃油基本燃烧完为止的这段时期称为补燃期(图 5-8 中的 IV)。

在柴油机中,由于可燃混合气形成时间极短,且混合不均匀,总有一些燃油不能及时燃烧,而拖到膨胀线上继续燃烧,这一过程,即为补燃期。补燃期的终点很难确定,一般认为放热量达到每循环的总放热量的 95% ~ 97% 时补燃期结束。但在大负荷、高转速时,由于过量空气系数 α 小,混合气形成与燃烧时间更短,补燃可能一直继续到排气过程之中。

在补燃期内,燃油是在活塞远离上止点、膨胀比较小的条件下燃烧放热,故热利用率很低,而将大部分热量由冷却水和废气带走,并使零件热负荷增加,导致柴油机经济性下降,因此应尽量减少补燃。

根据对燃烧过程的分析可知,为保证柴油机工作可靠(尤其是冷起动可靠),应保证燃油有良好的发火条件，为保证柴油机工作柔和，燃烧噪声小，寿命长，速燃期的压力升高率和最高爆发压力不应超过一定限度，为此应适当地缩短着火延迟期，减少着火延迟期内的喷油量以及着火延迟期内形成的可燃混合气量；为使燃烧及时，完全，提高柴油机的动力性与经济性，减少排气中的炭烟，应改善和加速缓燃期内燃油与空气的混合，提高后期的燃烧速率，减少补燃。

三、影响燃烧过程的主要因素

(一)燃料性质的影响

柴油的十六烷值越高，其自燃性越好，因此着火延迟期短，则柴油机工作柔和，也容易起动。但是，如果十六烷值过高，柴油的蒸发性差，高温下易裂解成炭烟，因此，柴油的十六烷值不能过高。一般高速柴油机用柴油的十六烷值为40～60为宜。图5-9为柴油不同的十六烷值对燃烧过程影响的一个示例。十六烷值为55的燃油自燃性相对较好，即较易于着火自燃，使着火延迟期较短，因此在同样喷油规律的条件下比较，十六烷值为55的燃油的压力升高率和最大爆发压力都明显较低。从而使燃烧噪声和NOx的排放量也都可降低。一般直喷式燃烧室比分隔式燃烧室对燃油的性质更为敏感。

(二)压缩比的影响

压缩比增加，压缩终了时缸内温度和压力均增加，燃油发火前的物理、化学准备均被加速，着火延迟期缩短，速燃期的压力升高率降低，因此柴油机工作柔和，并且冷起动性好。但是，如果压缩比过高，将使燃烧最高压力过分增高，引起曲柄连杆机构机械负荷增加，影响柴油机寿命，不同压缩比对着火延迟期的影响如图5-10所示。

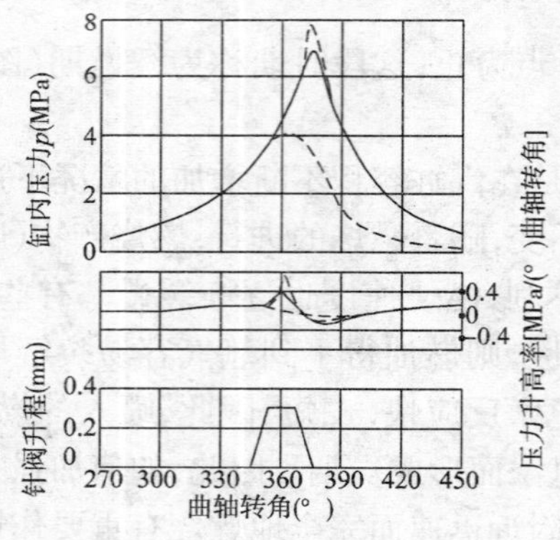

图5-9 十六烷值对燃烧过程的影响

虚线-十六烷值为45；实线-十六烷值为55

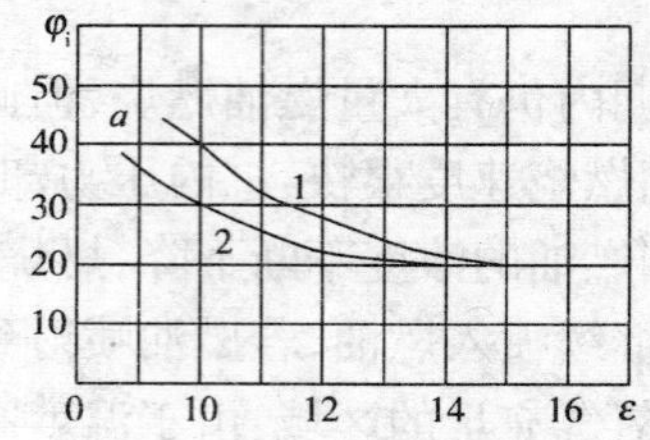

图5-10 压缩比对着火延迟期的影响

a-相当于混合气着火所必需的最低压缩比点；

曲线1-十六烷值为40；曲线2-十六烷值为60

柴油机的压缩比应根据冷起动、柴油机结构以及实际使用情况进行选择，在冷起动可靠的条件下，尽可能选用较低的压缩比，以利于减小最高爆发压力。

(三)喷油规律的影响

喷入汽缸的燃油量随曲轴转角变化的关系称为喷油规律。图5-11表明了喷油规律对燃烧过程的影响。图中Δg为每循环喷油量，两种喷油规律的循环喷油量Δg、喷油提前角θ及着火延迟期τ_i均相同。按喷油规律2工作时，在φ_i内喷入汽缸的燃油量少(g_2)，速燃期内压力升高率($\Delta p/\Delta\varphi$)低，因而柴油机工作柔和，但燃烧时间长，热效率低。若按喷油规律1工作，着火延迟期内喷油量增加(g_1)，则速燃期内压力升高率增大，柴油机工作粗暴，但由于燃烧时间缩短,因而使柴油机的动力性和经济性均有所提高。由此可知,用喷油规律来控制柴油机的工作粗暴和调整热效率是非常有效的,合理的喷油规律应该是:在着火延迟期内喷油量不宜过多。以控制速燃期内压力升高率,保证柴油机工作柔和;而着火后急剧增加喷油量以缩短燃油喷射的持续时间,使燃烧尽可能在活塞处于上止点附近完成,提高柴油机的热效率。

(四)喷油提前角的影响

喷油提前角是指喷油开始到活塞上止点间的曲轴转角。喷油提前角对燃烧过程的影响如图5-12所示,喷油提前角过大,意味着喷油时汽缸内空气的温度和压力都较低,因而着火延迟期长,使压力升高率和最高爆发压力均上升,柴油机工作粗暴,并使怠速不良,难于起动。喷油提前角过大还会增加压缩做功,使柴油机动力性与经济性均下降。如果喷油提前角过小,则燃油不能在活塞处于上止点附近迅速燃烧,补燃增加,虽然压力升高率和最高爆发压力低,工作柔和,但排气温度增加,冷却系的热损失增加,使柴油机过热,动力性和经济性也随之下降。

对于每一种柴油机的每一种工况,均有一个最佳喷油提前角。通常柴油机的最佳喷油提前角是在标定工况下,由调整实验来确定。

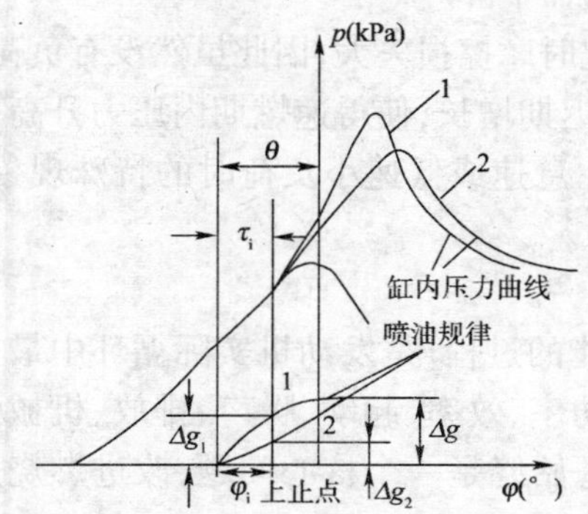

图5-11　喷油规律对燃烧过程的影响

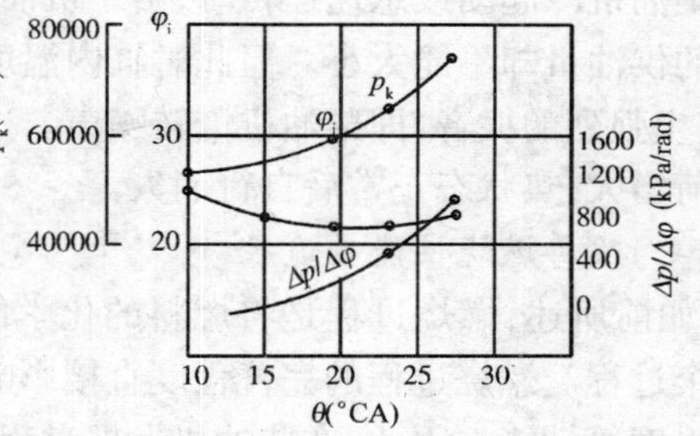

图5-12　喷油提前角对燃烧过程参数的影响

(五)转速的影响

转速升高时,燃烧室内的空气运动加强,喷油压力提高,有利于燃油的蒸发、雾化及与空气混合;同时,转速升高时,由于漏气损失和散热损失减小,使压缩终了的温度和压力增高,这些都使以时间计的着火延迟期 τ_i(s)缩短。但是,由于转速升高,每循环所占的时间缩短,因此以曲轴转角计的着火延迟期 φ_i(℃A)却随着转速的升高可能有所增加,如图5-13所示。图中表明直接喷射式燃烧室柴油机 φ_i 随转速升高而增大。因此,要保证燃烧仍能在活塞处于上止点附近完成,必须随着转速的升高将喷油提前角增大,故在转速变化较大的柴油机上一般都装有离心式喷油提前角自动调节器。图5-13还表明,涡流室式柴油机随着转速升高 τ_i 减小而 φ_i 却变化不大,这说明转速升高时,空气涡流大大加强,可燃混合气的形成与燃烧均被加速,燃烧不致拖后,因此与直接喷射式柴油机相比,涡流室式柴油机对喷油提前角不敏感,故其适于高转速。

(六)负荷的影响

在柴油机中,转速不变负荷增加时,循环供油量增加,由于空气量基本不变,因而过量空气系数减小,单位汽缸容积混合气燃烧放出的热量增加,缸内温度上升,缩短了着火延迟期,使速燃期内压力升高率下降,柴油机工作柔和。图5-14为负荷对着火延迟期的影响,但由于循环供油量增加,使喷油持续时间延长,燃烧过程延长,补燃严重,引起经济性下降。

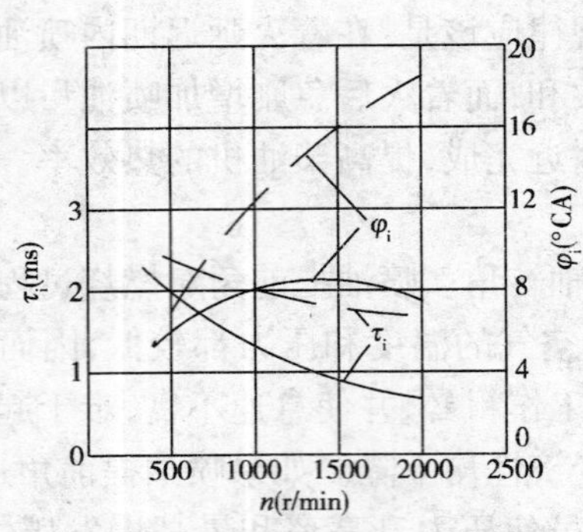

图 5-13 转速对着火延迟期的影响

虚线-直接喷射式燃烧室；实线-涡流室燃烧室

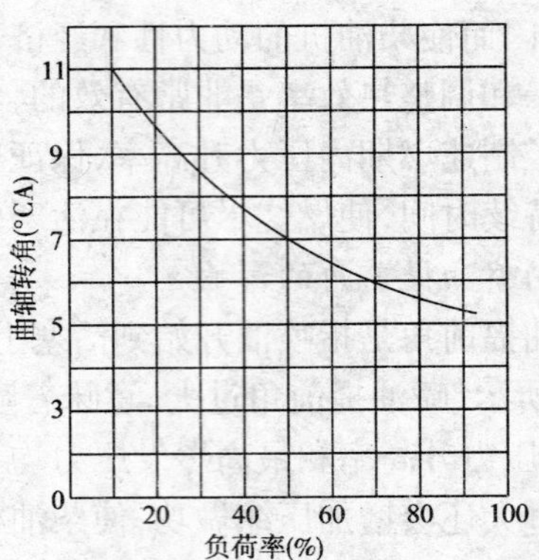

图 5-14 负荷对着火延迟期的影响

负荷过大时，α 值下降过多，将因空气不足引起燃烧恶化，排气冒黑烟，柴油机经济性将进一步下降，同时由于机械负荷和热负荷增加，使柴油机寿命下降。

柴油机冷起动或怠速运转时，由于机油黏度较大，此时摩擦损失大，因此虽然没有负荷，每循环的供油量却不能太小。但此时缸内温度低，着火延迟期增长，使得速燃期内压力升高率较大，产生强烈的振音，即柴油机惰转噪声。这种噪声是在怠速或低速小负荷时的特殊现象，随着负荷增大，热状态正常后自行消失。

(七)改善燃烧性能的途径

如前所述，燃烧过程是将燃料的化学能转变为热能的过程，是发动机实际循环中最重要的一个过程。燃烧过程的完善程度直接影响发动机的功率、效率、起动、噪声、排放、机械强度和热强度等性能。因此，在柴油机发展过程中，燃烧问题始终是一个核心问题，改进燃烧过程的品质一直是提高柴油机经济性、动力性和排放品质的一个重要途径。

但燃烧过程十分复杂，它受许多因素的综合影响，如燃料的性质、缸内气流运动、燃料喷射特性、混合气形成品质、燃烧室结构、压缩比以及大气状态、运转条件等都影响燃烧过程的进行。其中，则以进气系统、供油系统和燃烧室结构三者之间的综合配合为影响性能的关键。图 5-15 中列出了改进燃烧性能的途径。由于燃烧过程受到许多内、外因素错综复杂的影响，而直

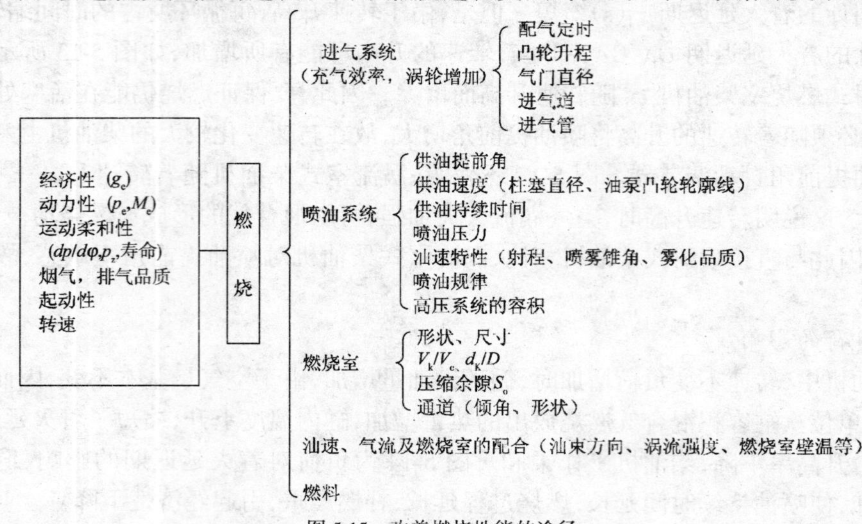

图 5-15 改善燃烧性能的途径

接观察又很困难，几十年来对柴油机燃烧问题虽进行了不少的研究，获得了不少的认识，目前，燃烧过程的改进在很大程度上仍依赖于大量的试验工作。一个好的燃烧系统是经过反复调试、不断改进的结果。随着科学技术的发展，目前对柴油机燃烧性能的研究，尤其在测试技术和理论分析计算等方面的工作也日趋现代化，使研究工作能日益深入和完善。

第三节　电控式高压喷射系统

一、电控式高压喷射系统的主要优点

近年来柴油机电子控制的高压喷射系统的研究开发工作已取得很大的进展。许多产品已进入市场，电子控制系统的功能也日益扩大，包括循环喷油量的控制、喷油定时控制、怠速控制、进气控制及故障诊断等。应用电控式高压喷射系统主要有以下优点：

1. 具有多功能的自动调节性能

车用及工程机械用柴油机的运转工况是变化的，而且对其油耗、排放和可靠性等要求较高。柴油机多工况、多参数的优选，使其调节系统的任务十分复杂和艰巨。自动控制技术应用于柴油机的调节系统，恰好可以实现这些多功能的自动调节，从而保证柴油机动力性、燃料使用经济性、可靠性和操作方便性等性能充分发挥。

2. 减轻质量、缩小尺寸、提高柴油机的紧凑性

自动控制系统的一个重要功能是随柴油机转速和负载的变化而自动择优确定其供油提前角。对于强化柴油机来说，由于驱动喷油泵的转矩较大，要设计一个紧凑和可靠的供油提前自动调节器则十分复杂，且在柴油机总体布置上也会遇到困难。采用自动控制技术解决供油提前角自动调节问题，不仅可以容易地解决上述问题，而且还提高了柴油机的紧凑性。

3. 部件安装连接方便、提高了维修性

自动控制系统替代了柴油机传统的调节系统后，其部件尺寸减小，安装部位免受空间位置的约束，连接也简便得多，进而有利于柴油机正常的维护和修理等工作。

4. 扩展了诊断、联络等功能

柴油机采用自动控制技术后，除自动调节外，还可实现诊断与检测功能，柴油机运行及检测数据的储存与传递等问题也迎刃而解，也便于运输车辆的科学管理与使用。

喷油系统的电子控制使控制自由度增大了，而且许多控制功能是机械式喷油系统无法实现的。电控喷油系统的主要功能如图 5-16 所示。

二、电控式高压喷射系统的类型

柴油机电控技术与汽油机电控技术有许多相似之处，在电控单元硬件方面，整个系统都是由传感器、电控单元和执行器三大部分组成。传感器实时检测柴油机、车辆运行状态等信息，并输送到控制器。主要传感器有发动机转速传感器、齿杆位移传感器、喷油提前角传感器、加速踏板位置传感器等。控制器的核心部分是计算机，它负责处理所有信息和执行程序，并将运行结果作为控制指令输出到执行器。根据控制器送来的执行指令驱动调节喷油量及喷油正时等相应机构，从而调节柴油机的运行状态。在电控柴油机上所用的传感器中，如转速、压力、温度等传感器以及加速踏板传感器，与汽油机电控系统所用的传感器工作原理都是一样的。在整车管理系统的软件方面也有近似之处。尽管如此，柴油机电控技术还是有它自身的特点：一

是其关键技术和技术难点就在柴油喷射电控执行器上;另一个特点是柴油电控喷射系统的多样化。

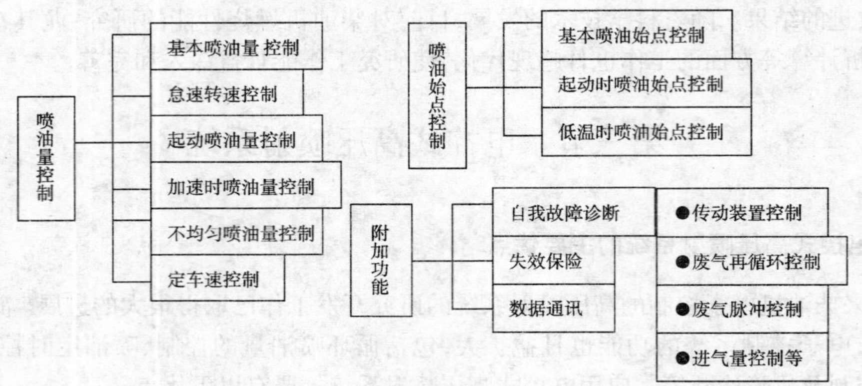

图 5-16 柴油机电控喷油系统的主要功能

柴油机是一个热效率比较高的动力机械。它采用高压喷油泵和喷油器将适量的燃油,在适当的时期,以适当的空间状态喷入柴油机的燃烧室,以造成最佳的燃油与空气混合气和燃烧的最有利条件。实现柴油机在功率、转矩、转速、燃油消耗率、怠速、噪声、排放等多方面的要求。柴油机燃油喷射具有高压、高频、脉动等特点,其喷射压力高达 60 ~ 150 MPa,甚至 200 MPa,为汽油喷射的几百倍、上千倍。对于燃油高压喷射系统实施喷油量的电子控制,困难大得多。而且柴油喷射对喷射正时的精度要求很高,相对于柴油机活塞上止点的角度位置远比汽油机要求准确,这就导致了柴油喷射的电控执行器要复杂得多。因此柴油机电控技术的关键和难点就是柴油喷射电控执行器,也即电控柴油喷射系统。主要控制量是喷油量和喷油正时。

柴油机在机械控制时代,就已经有直列泵、分配泵、泵—喷油器、单缸泵等结构完全不同的系统,每个系统各有其特点和适用范围,每种系统中又有多种不同结构。实施电控技术的执行机构比较复杂,因此形成了柴油喷射系统的多样化。

柴油机的电控燃油喷射系统,从控制部件分类有电控喷油泵和电控喷油器;从控制方式分为位置控制系统和时间控制系统;从燃油供给方式分有脉动泵喷射系统和定压喷射系统(共轨系统)。从发展顺序上讲,首先发展的是位置控制系统,也称为第一代电控喷油系统;随后发展的是时间控制系统,也称为第二代电控喷油系统。

位置控制系统仍保留有传统喷油泵中的齿条、滑套、柱塞上的控制槽等机械控制机构,只是利用线位移电磁执行机构对齿条或滑套的运动位置予以控制,以实现循环喷油量和喷油正时的电子控制,使控制精度和动态响应速度较机械式控制得以改善。另外,通过一些方法如改变柱塞预行程,可以实现对喷油速率的电子控制,从而实现柴油机全工况的优化控制。其典型产品有基于分配泵和基于直列泵的两类。

此系统需控制的参数有 3 个;喷油量、喷油提前角和废气再循环量(废气再循环的控制与汽油机基本相同)。电子控制柴油喷射由传感器、控制器和执行器组成,见图 5-17。

喷油泵的供油量与柴油机转速、供油齿杆位置的关系是非线性的。在电子控制的喷油系统中,各种喷油泵供油量特性都被存储在专门的特性曲线库内,燃油计量考虑了燃油温度的影响,特别是在燃油温度较低的情况下得到额外补偿。电子控制系统允许柴油机以较低的怠速运转,这意味着可降低柴油机怠速时的燃油消耗和排放污染。此外,电子控制系统可精确计量起动油量,即通过与转速、温度有关的特性曲线图来控制。

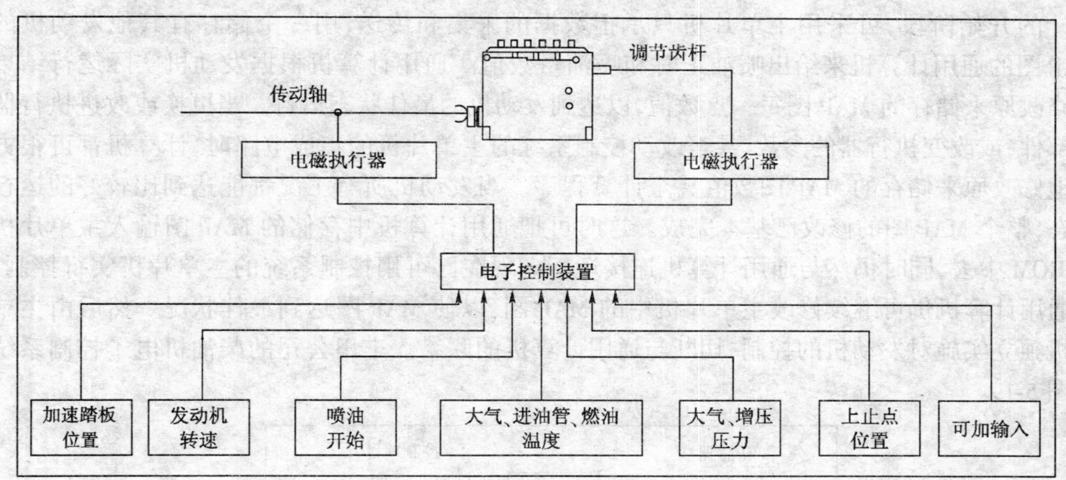

图 5-17　保留原机械式喷油泵的电子控制图

图 5-18 为电子喷油系统油量控制示意图。在给定喷油量的情况下，喷油提前角对柴油机排放有着决定性的影响。

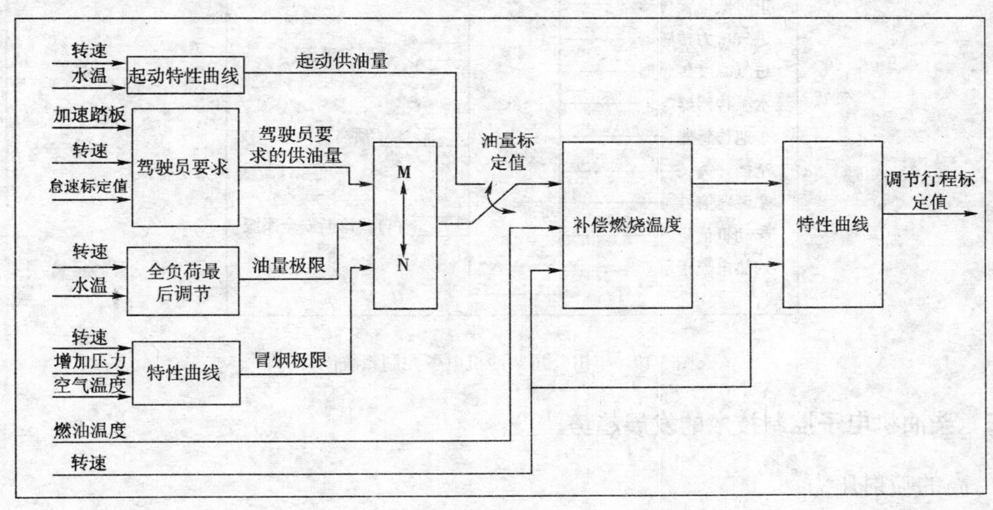

图 5-18　油量控制示意图

时间控制系统取消了传统喷油泵中的齿条、滑套、柱塞上的控制槽以及正时提前器等，而用高速电磁阀直接或间接控制高压燃油，使泵油机构和控制机构完全分开。如果电磁阀的某一动作代表喷油开始的话，则另一动作代表喷油结束，两个动作之间的时间间隔代表了喷油量，而动作时刻代表喷油正时，适当地改变机械结构或直接对电磁阀实施控制可以控制喷油速率。这类系统发展较晚一些，但是控制自由度要大一些。主要分为：电控分配泵系统、电控泵喷嘴系统、电控单体泵或直列泵系统、共轨系统几类。

对时间控制系统，喷射控制的关键在于确定喷射始点和喷射终点。电控单元根据驾驶员所给定的加速踏板位置信号和发动机运行参数，从储存在 ECU 的 ROM 中 MAP 图（喷油量与转速、齿杆位置的三维立体图谱或喷油正时与转速、齿杆位置的三维立体图谱）中查出喷油量和喷油始点的数值，实现对发动机运行的控制。对于每一种发动机，都有自己的最佳 MAP 图。而 MAP 图的制取是一件很重要又很繁琐的工作。为了减轻 MAP 图制取的工作量，微机程序设计的开始阶段,可采用主单片机只承担数据的采集和传送,用一个储存有其他发动机的MAP图的通用计算机来给出喷油正时和喷油量数值。通用计算机根据发动机实际运行结果来修改原来储存的MAP图每一点数值,以达到发动机的最佳状态运行。当更换或改进执行器的部件,或改变执行器的参数,甚至改动控制系统的主单片机的集成电路时,计算机都可很方便地修改原来储存的MAP图数值甚至计算程序。当发动机所有工况都能达到比较好的运行状态,整个MAP图的修改已基本完成。这时可把通用计算机中存储的MAP图输入主单片机的ROM中去,同时仍然与通用计算机连接运行。现在已可用控制系统的主单片机实行控制,而通用计算机仍可继续修改主单片机中的MAP图,以使MAP图达到最佳状况。然后由主单片机独立实施对发动机的控制,切断与通用计算机的联络。丰田公司的柴油机电子控制系统见图5-19。

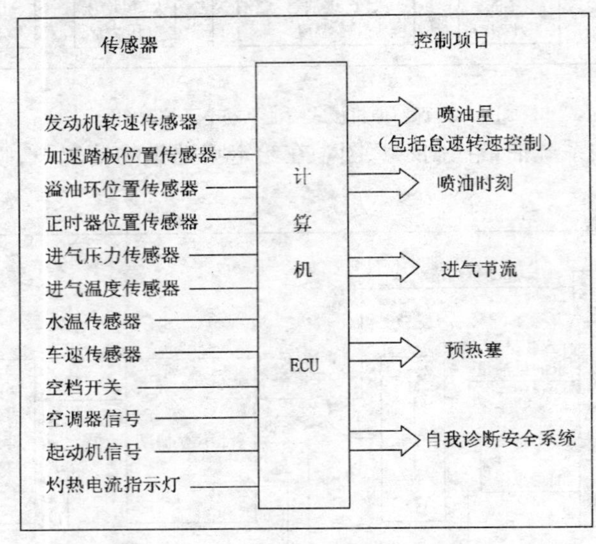

图5-19 丰田公司柴油机电子控制系统图

三、柴油机电子控制技术的发展趋势

1. 高的喷射压力

为满足排放法规要求,喷射压力从100MP升高到160MP,有的已达200MP。如此高的喷射压力可明显改善燃油和空气的混合,从而降低黑烟(颗粒)的排放。同时高喷射压力又可大大缩短着火延迟期。如果我们采用减少先期着火时喷入的燃油量,再与推迟喷射正时相结合,能显著降低NO_X的排放量。

2. 独立的喷射压力控制

一般的喷油泵—高压油管—喷油器系统,其喷射压力还与柴油机负荷有关。这种特性对于低转速、部分负荷条件下的燃油经济性和烟度排放不利。为保证柴油机在低速、部分负荷工况下混合气形成所需要的足够能量,如果按照上述特性,那么标定转速、标定工况下的喷射压力会过高,系统的机械应力太高。如系统具有不依赖于转速和负荷的喷射压力控制能力,就可用选择最合适的喷射压力的办法来使喷射持续期、着火延迟期最佳化,使柴油机在各种工况下,NO_X和烟度最低而经济性最优。

3. 改善柴油机燃油经济性

用户对柴油机的燃油消耗率始终十分关心。燃油系统必须采取各种措施来实现这一要求。高喷射压力、独立于转速和负荷的喷射压力控制、小喷孔、平均喷油压力与峰值压力之比值尽量大,以及尽可能地把产生于喷射持续期结束时的燃油系统内部压力能部分地转化为驱动链的能量等,都是实现这一要求的各种措施。

4. 独立的喷射正时控制

众所周知喷射正时直接影响到在柴油机上止点前喷入汽缸的油量,因而就决定着汽缸的峰值爆发压力和最高温度。一般来说,高的汽缸压力和温度,可以改善柴油机经济性,但导致 NO_X 增加。因此不依赖于转速和负荷的喷射正时控制能力,是在燃油消耗率和排放之间实现最佳组合的关键措施。

5. 可变的预喷射控制能力

预喷射可以降低颗粒排放,而又不增加 NO_X 排放,也可改善柴油机冷起动性能,降低柴油机在冷态工况下白烟的排放。预喷射还可降低噪声,改善低速转矩。但是预喷射量、预喷射与主喷射之间的时间间隔在不同工况下的要求是不一样的。因此具有可变的预喷射控制能力对柴油机的性能和排放十分有利,

6. 最小油量的控制能力

燃油系统具有高喷射压力的能力往往与柴油机怠速所需要的小油量控制能力发生矛盾。燃油系统具有高喷射能力后将会使控制小油量的能力进一步降低。但是燃油系统又必须具备能控制最小怠速稳定油量一半的要求。对于重型车来说,这种控制能力要求达到稳定最小供油量水平为 12mL/循环。

7. 快速断油能力

喷射结束时,必须快速断油。要求在结束喷射时仍然处于较高喷射压力条件下,使燃油和空气的混合始终很好,直到燃烧结束。如果不能快速断油,那么在低压力下喷射的燃油就会燃烧不充分而冒黑烟,增加 HC 排放量。

8. 降低驱动转矩冲击载荷

燃油喷射系统在很高的压力下工作,即增加了驱动系统所需要的平均转矩,也增加转矩的冲击载荷。因此,燃油喷射系统对驱动系统平稳的加载和卸载的能力,是一种衡量喷射系统的标准。

自 1897 年 Rudorf Diesel 发明的第一台柴油机诞生至今,柴油机已经历了一个多世纪的发展。其间,每隔 30 年左右,柴油机技术就出现一次飞跃。20 世纪 20 年代中期以德国 Bosch 公司为代表推出的机械式喷油系统代替了蓄压式供油系统,使柴油机在车辆上的应用成为可能。20 世纪 50 年代初出现的废气涡轮增压技术,使柴油机的升功率有了大幅度的提高,奠定了它作为中、重型车辆上几乎不可能替代的动力装置的基础。20 世纪 80 年代以来,以微机为电控单元的电控技术在柴油机上应用并逐步形成现代汽车柴油机电控系统,使柴油机在动力性、经济性、排放及噪声指标等各个方面具有了更强的竞争能力,柴油机技术的发展进入了一个新的历史阶段。

第六章　发动机的特性

工程机械的发动机在使用时，由于工作阻力不断变化，要求发动机的转速和负荷亦相应变化，以适应需要。因此，发动机的工作过程也会发生变化，使发动机在不同的使用条件下具有不同的动力性和经济性。通过对发动机特性的分析，可以了解发动机在不同使用工况下特性变化的规律及影响因素，评价发动机性能，从而提出改善发动机性能的途径。

第一节　发动机的工况与特性

一、发动机的工况

发动机的运行情况简称为工况。发动机的工况决定于它发出的有效功率(或有效转矩)和曲轴的转速。例如发动机全负荷工况，就是指柴油机为最大供油量(汽油机为节气门全开)时，不同转速的任何工况。发动机的其他工况，则是由全负荷的百分数以及与其相应的转速来确定的。

当发动机驱动工作机械(工程机械，拖拉机或汽车等)在不同负荷工况下工作时，发动机的有效功率(或有效转矩)与转速应符合工作机械负荷工况的要求。如果发动机在一系列连续的工作循环中，发出的有效功率(或有效转矩)和转速的平均值等于工作机械所消耗的功率(或转转)和转速的平均值时，则发动机的这一工况称为稳定工况。然而，实际使用中工程机械、拖拉机或汽车经常是在变负荷(变转矩或变转速，或者是转矩和转速都变化)工况下工作的。因此，驱动它的发动机也不可能经常处于稳定工况下运转。

在实际使用中，驱动不同工作机械的发动机，其工况变化规律也不同。根据使用条件不同，发动机的工况大致可分为以下三类。

(一)固定式工况

发动机功率变化，但曲轴转速基本保持不变，这种工况称为固定式工况。例如发动机驱动发电机、压气机和水泵等工作机械时，其转速由调速器保证基本不变，功率则随工作机械的使用负荷不同，可在相当大的范围内变化，即由0变化到最大功率。这种工况如图6-1中垂线1所示。而当发动机驱动碾米机或在水库、江河上驱动水泵排灌时，发动机的功率和转速均保持一定，这时的工况为上述工况的特例，则称为点工况。如图6-1中垂线1上的A点所示。

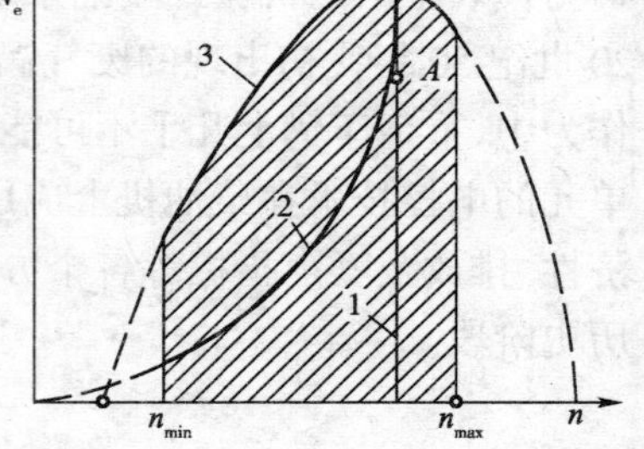

图6-1　发动机的各种工况

(二)螺旋桨工况

当发动机作为船用主机直接驱动螺旋桨时，在稳定工况下，发动机发出的功率与螺旋桨吸收的功率相等。因此其工况变化规律决定于螺旋桨特性，即：发动机的功率与转速曲线近似为三次幂函数关系：$N_e = Kn^3$，K为比例常数。这种工况称为螺旋桨工况，如图6-1曲线2所示。这条曲线受发动机最

大功率 N_{emax} 和最低稳定转速 n_{min} 所限制。

(三)面工况

当发动机作为工程机械、拖拉机和汽车的动力装置时,其转速可以在最低稳定转速 n_{min} 和最高转速 n_{max} 之间变化;在同一转速下,功率(或转矩)可以由零变到可能发出的最大值。因此发动机的工况范围是图 6-1 的阴影部分,这种工况称为面工况。

图 6-1 阴影面上限(曲线 3),是发动机在各种转速下可以发出的最大功率;阴影面左边对应最低稳定转速 n_{min};右边对应最高的许用转速 n_{max};下边横坐标轴为不同转速下的空转。不同的工程机械与拖拉机、汽车是在不同的负荷和转速下工作的,就是同一台工程机械(或同一辆拖拉机、汽车),也经常在变转矩或变转速下,或者转矩和转速都在变化的情况下工作。

二、发动机特性

发动机的性能指标随着调整情况和运转工况变化的关系,称为发动机特性。性能指标随着调整情况变化的关系,称为调整特性。如柴油机供油提前角调速特性,燃料调整特性等。性能指标随运转工况变化的关系称为性能特性(也称为使用特性)。发动机特性用曲线表示称为发动机特性曲线。特性曲线是评价发动机性能的一种简单、方便和必不可少的形式。

研究发动机特性的目的在于:根据特性曲线可以评价发动机在不同工况下的动力性、经济性;根据特性曲线,可以合理地选用发动机,并能更有效地使用发动机;分析影响特性的因素,以便按照需要寻求改造发动机性能的途径,进一步提高发动机的性能,使之满足工作机械的需要。

发动机的性能特性很多,其中主要有负荷特性、速度特性、调速特性和万有特性。

第二节　发动机试验台架

一、概述

发动机各项性能指标、参数以及各类特性曲线,通常都是在发动机试验台架上按规定的试验方法进行测定。

台架试验内容十分广泛,包括新产品或强化、改进、变型、转厂生产的发动机性能及耐久可靠性试验;产品出厂前的性能调整及定期抽查试验;商业贸易中的验收试验以及各种研究性的试验等。但由于试验方法、试验条件、使用仪表、试验环境等的不同,可以使试验结果有很大差异。为了避免由此引起的争论和混乱,使试验得到客观上可比的结果,就必须规定统一的试验标准。发动机各种试验标准繁多,如有国际标准化组织(ISO)制定的。拟为各会员国统一执行的标准;有各国的国家标准等。我国于 1984 年颁布机械工业部汽车发动机试验方法的标准(JB 3743—84),并于 1987 年制定了发动机台架试验方法(GB 1105.1 ~ 1105.3—87)。

各国标准首先明确的是适用范围,因为发动机用途不同,它们的试验方法和项目也不完全相同,所用标准也不一样。在进行试验前,必须详细了解有关标准的内容,制定出试验大纲,严格按照大纲要求进行试验。

发动机使用中允许的最大功率与下列外界因素有关:

①发出相应功率的持续时间。

②测定时的大气状况。

（二）负荷特性曲线历程分析

1. 燃油消耗率 $g_e = f(N_e)$ 曲线

由公式(1-29)得：

$$g_e = \frac{3.6}{\eta_e H_u} \times 10^6 = K_1 \frac{1}{\eta_i \cdot \eta_m} \quad (6\text{-}6)$$

式中：K_1——比例常数。

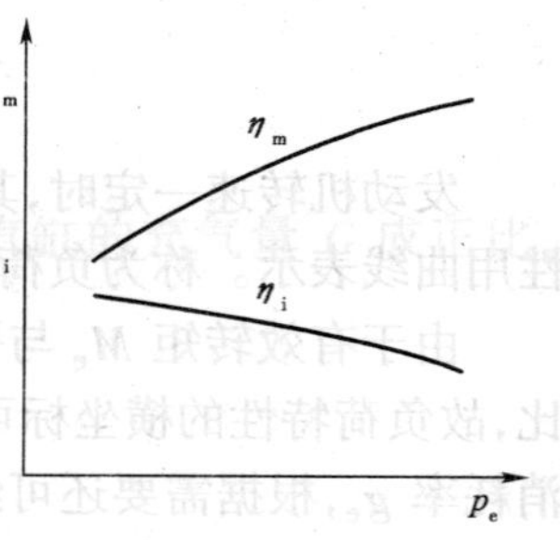

图 6-4 柴油机中 η_i 和 η_m 随负荷的变化

根据式(6-6)可知，g_e 的变化决定于 η_i 和 η_m 的乘积随负荷的变化，η_i 和 η_m 的变化如图 6-4 所示，当转速不变时，随着负荷的增加，每循环供油量 Δg 即随之增加，燃烧时间增长，补燃及冷却损失均增加；Δg 增加使过量空气系数 α 下降，当 Δg 增加较多时，燃烧的完全程度随之下降，故 η_i 下降。由于转速 n 不变，机械损失功率 N_m 基本不变，而指示功率 N_i 随 Δg 增加而增大，又因为 $\eta_m = 1 - \frac{P_m}{P_i}$，因此 η_m 随负荷增加而增加。

参看图 6-3 中，$n = 1800\text{r/min}$ 的 g_e 曲线。当 $N_e = 0$，即柴油机空转时，其指示功全部用于克服内部机械损失，即 $N_i = N_m$，因此 $\eta_m = 0$，g_e 为无穷大。随着负荷即 Δg 的增大，虽然 η_i 稍有下降，但与 η_m 的乘积增大，此时 g_e 曲线随负荷增加迅速下降。当 N_e 即 Δg 增加到 1 点时，η_i 与 η_m 的乘积为最大值，此时 g_e 达最小值。1 点称为最低耗油率点。1 点以后，再继续增加 Δg 即增加负荷时，由于 α 进一步减小，燃烧恶化，不完全燃烧及补燃增加，η_i 下降较快；虽然 η_m 仍有上升趋势，但 η_i 下降程度大于 η_m 上升的程度，结果使 g_e 曲线随负荷增加而转为上升。当循环供油量超过 2 点时，不完全燃烧显著增加，排气冒黑烟，燃料消耗率 g_e 迅速增加，同时活塞及汽缸盖等的热负荷也都迅速增加。对应于 2 点的循环供油量 Δg 称为"冒烟界限"。2 点以后，若再加大 Δg，则柴油机大量冒黑烟，活塞及燃烧室积炭增多，柴油机过热，易引起故障，影响使用寿命。循环供油量增加至 3 点时，功率达到最大值。此后若供油量 Δg 继续增加，由于燃烧极度恶化，功率反而下降。

为了保证柴油机安全可靠地运转，一般不允许柴油机最大供油量超过冒烟界限。因此柴油机的最大功率一般受冒烟界限所限制。

2. 燃油消耗量 $G_T = f(N_e)$ 曲线

当柴油机转速 n 一定时，每小时耗油量 G_T 主要决定于循环供油量 Δg。随着负荷增加，即 Δg 增加，因此 G_T 随之增加。当负荷接近或达到冒烟界限时，由于燃烧恶化，G_T 随 N_e 上升得更快一些。

二、汽油机的负荷特性

汽油机转速一定时，g_e、G_T 随负荷（或节气门开度）变化的关系，称为汽油机的负荷特性。由于汽油机的负荷调节是靠改变节气门开度，直接改变进入汽缸的混合气量来调节负荷的，因此汽油机的负荷特性也称为节流特性。图 6-5 所示为 6100Q-I 型汽油机负荷特性。

汽油机的负荷特性曲线在试验台上测取时，首先应将混合气成分与点火提前角调整为最佳值后，保持 n 一定，逐步改变节气门开度，测得不同节气门开度下 G_T 值，计算出相应的 N_e、g_e 值，绘出 $g_e = f(N_e)$、$G_T = f(N_e)$ 曲线。

（一）燃油消耗率 $g_e = f(N_e)$ 曲线变化历程分析

根据式(6-6) $g_e = K_1 \frac{1}{\eta_i \eta_m}$，怠速时 $N_e = 0$，$\eta_m = 0$，所以 g_e 为无穷大。随着节气门开度即负

荷增大，充分系数 η_v 随之增大，进入汽缸的混合气数量增加，而残余废气系数减少，火焰传播速度增加，燃烧时间缩短，散热损失减少，故指示热效率 η_i 随之增大；同时 η_m 随负荷增加而增

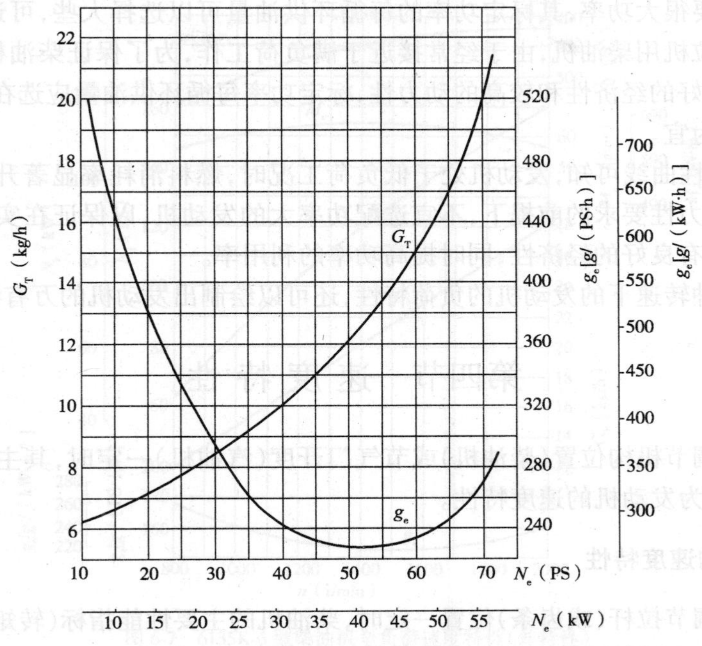

图 6-5　6100Q-I 型汽油机的负荷特性（$n = 1600\text{r/min}$）

加（参看图 6-6），因此 g_e 曲线随节气门开度增大迅速下降。当 η_i 和 η_m 之积达最大值时，g_e 取得最小值。节气门接近全开时，为了发出最大功率，化油器中的省油器（或多腔分动化油器的副腔）开始起作用，使混合气加浓，$\alpha < 1$，燃烧不完全，g_e 又转为上升。

（二）燃油消耗量 $G_T = f(N_e)$ 曲线

当 n 一定时，小时燃料消耗量 G_T 主要决定于节气门开度和混合气成分。随着节气门开度增大，充气系数 η_v 增大，G_T 也随之增加。当节气门开度增大到全开度的 70%～80%以后，省油器（或多腔分动化油器副腔）开始起作用，使混合气成分变浓（$\alpha = 0.85 \sim 0.95$），使曲线随负荷增加上升更快。

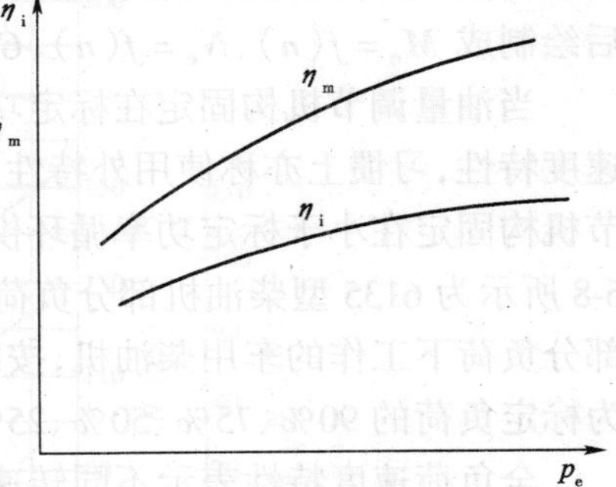

图 6-6　汽油机 η_i、η_m 随负荷的变化

三、负荷特性的意义

负荷特性是发动机的基本使用特性，是评价发动机在不同负荷下工作是否经济的特性。

（1）由负荷特性可以看出，在同一转速下的最低耗油率 g_{emin} 越小，发动机的经济性越好；g_e 曲线随负荷变化越平坦，表明发动机在负荷变化较宽的范围内工作时，能获得较好的燃料经济性。比较汽油机与柴油机负荷特性可知，柴油机 g_e 值一般比汽油机低 20%～30%，而且 g_e 曲线变化平坦，故柴油机的经济性好。因此对于负荷变化较大的工程机械、拖拉机以及重型汽车均采用柴油机为动力装置。

（2）柴油机铭牌上标出的功率称为标定功率，即使用中的最大功率。标定功率循环供油量

(参看图 6-10)。在某一适当的中间速度,充气和供油配合较佳,空气涡流较强,混合气形成较好,燃烧进行得较及时完善,η_i 较高,即图 6-9 中 η_i 曲线稍有凸起的位置。随着转速升高,空气流速增高,各通道气流阻力增加,而使 η_v 下降,Δg 仍然按喷油泵速度特性上升,使 α 下降较多,尽管汽缸内涡流进一步加强,但由于 n 升高,使燃烧时间缩短,混合气形成条件逐渐恶化,不完全燃烧现象增加,使 η_i 有所下降。转速过低,也会由于空气涡流减弱,燃烧不良及传热,漏气损失增加,使 η_i 降低。机械损失是随 n 增加而增加的,因此 η_m 随转速的升高而下降。

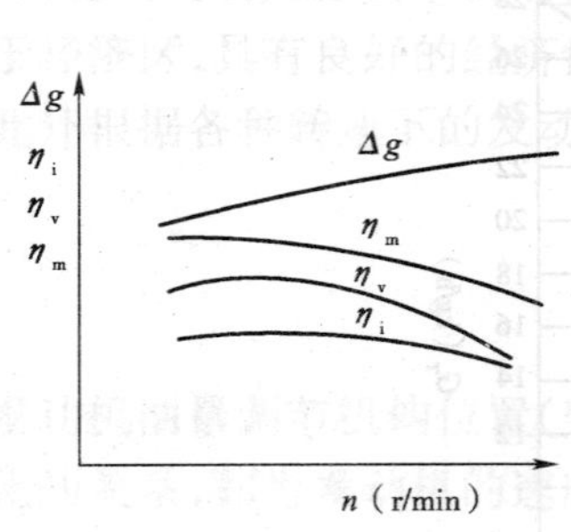

图 6-9　柴油机中 η_i,η_m,Δg,η_v 随转速的变化趋势

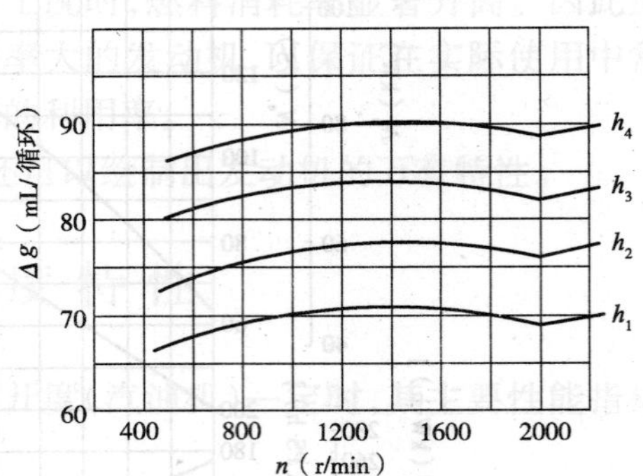

图 6-10　柱塞式喷油泵速度特性
h_1,h_2,h_3,h_4-喷油泵油量调节杆固定位置

综合 Δg、η_i、η_m 的变化,转速 n 低时,M_e 较低,随着转速 n 的升高 M_e 增加,在某一中间转速时 M_e 达最大值 M_{emax},此后 M_e 随 n 升高转为下降。但由于 Δg 随 n 升高而增加,抵消了 η_i、η_m 下降的影响,使柴油机 $M_e = f(n)$ 曲线的变化趋势比较平坦,如图 6-7 所示。

2. 有效功率 $N_e = f(n)$ 曲线

由公式(1-24)可知,$N_e = K_3 M_e \cdot n$(式中 K_3 为常数),因为 M_e 曲线随转速 n 的变化比较平坦,故使 N_e 在标定转速的范围内几乎与转速 n 成比例增加(参看图 6-7N_e 曲线)。

3. 有效耗油率 $g_e = f(n)$ 曲线

根据式(6-6),$g_e = K_1 \dfrac{1}{\eta_i \eta_m}$,式中 η_i、η_m 随转速 n 的变化如图 6-9 所示。综合 η_i、η_m 的变化在某一中间转速时,η_i 与 η_m 之积最大,这时 g_e 达最小值 g_{emin}。当转速高于此转速时,因为 η_i、η_m 随 n 升高而同时下降,故使 g_e 随 n 升高而上升。但整个 $g_e = f(n)$ 曲线的变化趋势比较平缓,如图 6-7 中 g_e 曲线所示。

4. 小时耗油量 $G_T = f(n)$ 曲线

随着转速升高,由于单位时间内的循环次数的增加,并且因为喷油泵的速度特性,使每循环的供油量 Δg 也随转速升高而增加,因此 $G_T = f(n)$ 曲线近似成直线上升。

(二)部分负荷速度特性

柴油机部分负荷速度特性曲线随转速的变化趋势,主要决定于每循环供油量 Δg 随转速的变化。根据喷油泵速度特性,不同的油量调节拉杆位置,其循环供油量 Δg 随转速升高而增加的趋势基本相同(参看图 6-10),故部分负荷速度特性 M_e 曲线随 n 的变化也很平坦,与全负荷速度特性 M_e 曲线基本平行(图 6-8 中 M_e 曲线)。

二、汽油机的速度特性

当汽油机节气门开度不变,点火提前角和供油系统调整到最佳时,其性能指标 M_e、N_e、

G_T、g_e 等随转速 n 变化的关系，称为汽油机的速度特性。速度特性曲线可表示为 $M_e = f(n)$，$N_e = f(n)$，$G_T = f(n)$，$g_e = f(n)$等。

当节气门全开时，测得的速度特性称为外特性。外特性表示汽油机所能达到的最高性能，确定了最大功率和最大转矩值及其相应的转速，是标定汽油机功率的依据。外特性曲线如图6-11 所示。

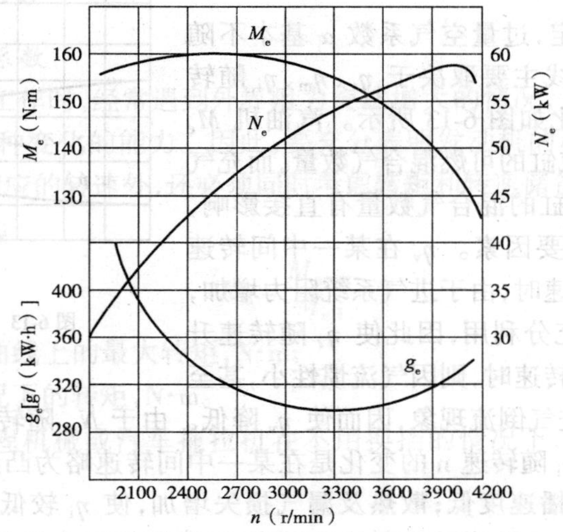

图 6-11　BJ-492 型车用汽油机外特性

节气门在部分开启时，测得的速度特性称为部分速度特性，如图 6-12 中曲线 2、3、4 所示。部分速度特性有无限多条。

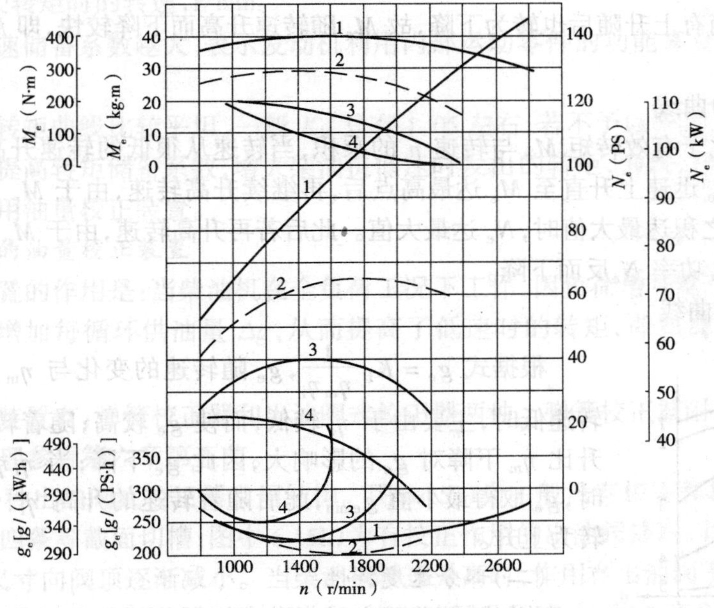

图 6-12　6100Q-I 型汽油机速度特性

1-全负荷；2-75%负荷；3-50%负荷；4-25%负荷

减少,如图 6-15 中虚线所示。

但采用出油阀式校正器只能使 K_M 提高到 1.07 左右,仍不能满足工程机械的要求,必须

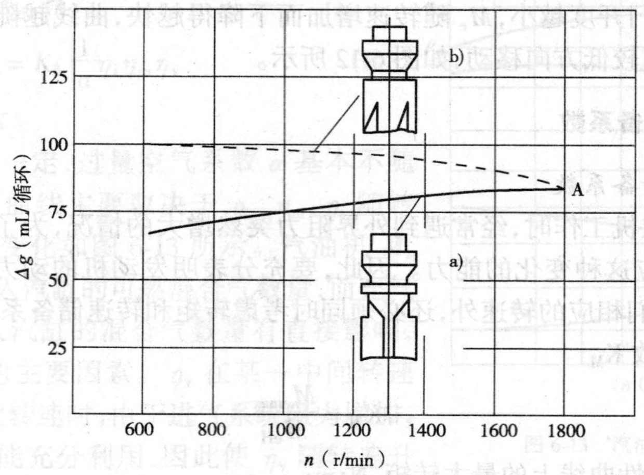

图 6-15　出油阀式校正器和喷油泵速度特性

采用校正作用更强的弹簧校正器,才能使 K_M 提高到 1.15~1.25。但这样大的储备系数是以牺牲标定功率为前提取得的,也就是说,必须适当减少标定工况下的循环供油量。以免校正后循环供油量超过冒烟极限。

第五节　调速特性

一、柴油机安装调速器的必要性

工程机械或农用拖拉机工作时,工作条件十分恶劣,柴油机工况经常急剧变化。柴油机工作中,如果保持供油拉杆(或齿条)位置不动。柴油机的驱动力矩(即有效转矩)M_e 将按速度特性变化,而外界阻力矩是经常变化的。例如铲运机在干湿不同、软硬不一的土壤上作业时,阻力矩有明显的变化,如图 6-16 中所示曲线 R_1 和 R_2。由于 M_e 曲线变化比较平坦,阻力矩的少量变化,引起转速变化很大,以致使铲运机行驶速度时快时慢,甚至影响铲土作业的正常进行。对于推土机,则负荷变化更大、更加剧烈。要人为地控制供油量来适应外界负荷的变化,保持柴油机稳定运转是不可能的。因此,柴油机上必须设有根据负荷变化,自动调节供油量,使其转速保持稳定的装置——调速器。

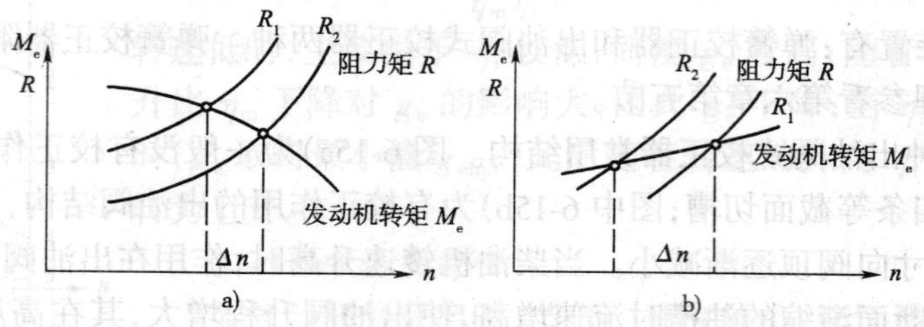

图 6-16　柴油机工作平衡点

a)转矩曲线随转速增加而迅速下降;b)转矩曲线变化平坦

工程机械或拖拉机还经常遇到负荷突然卸去的工况,这就可能引起发动机转速迅速上升,

甚至飞车。对于汽油机，由于速度特性 M_e 曲线变化较陡，转速升高时，η_v 急剧下降，M_e 随之迅速降低，因此超速不致过高；并且超速时混合气的 α 变化不大，对工作过程不利影响较小；同时运动件较轻，所以短时间超速的危害不是很大。对于柴油机则超速非常危险，因为转矩曲线变化平坦，负荷突卸将使转速大幅度上升；由于喷油泵速度特性，使循环供油量随转速升高而增加，混合气变浓，工作过程剧烈变化，排气冒黑烟，零件过热；同时运动件较重，超速时产生很大的惯性力，严重时将引起零件损坏。因此，柴油机上必须设有防止超速的装置。

工程机械、汽车和拖拉机怠速工况时，如短暂停车、起动、暖车等。如果发动机经常熄火，将给驾驶员带来极大困难。怠速时，发动机产生的指示功全部用于克服内部机械损失，即平均指标压力等于平均机械损失压力 p_m。汽油机在怠速工况时，此时若 p_m 稍有变化（如机油黏度变化），使机械损失从 p_{m1}增加到 p_{m3}或减小到 p_{m2}时，引起转速的变化（从 n_1 到 n_3 或从 n_1 到 n_2）不大，因此汽油机怠速是比较稳定的，如图 6-17a）所示。柴油机在怠速工况时，如图 6-17b）所示，由于柱塞式喷油泵速度特性，即使油量控制机构固定在最小供油量位置，每循环供油量 Δg 也随转速的增加略有增加，所以 p_i 随转速升高稍有增加。当 p_m 稍有变化时，引起转速的波动很大，因此柴油机怠速极不稳定，容易熄火。故柴油机必须设有保证怠速稳定的装置。

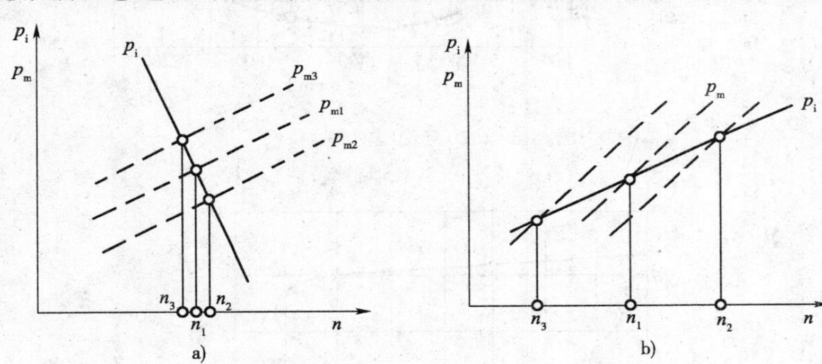

图 6-17　发动机怠速动转情况

a）汽油机；b）柴油机

总之，为了保证柴油机的工作稳定性，防止怠速熄火和高速飞车，在柴油机上必须装置调速器。调速器功用是：根据发动机负荷的变化，自动调节循环供油量，使发动机的转速保持在一定的范围内稳定运转。

二、调速器的种类和工作原理

柴油机上所用调速器按其感应元件形式可分为机械式、气动式、液压式和电气式。按调速器起作用的转速又可分为单制式、两极式和全程式。不同用途的柴油机，装置的调速器形式亦不相同。

（一）全程式调速器及调速特性

在调速器起作用时，柴油机有效转矩 M_e、有效功率 N_e、小时耗油量 G_T、有效耗油率 g_e 等随转速或负荷变化的关系，称为调速特性。调速特性可用两种方法表示：一种是如图 6-18 所示以转速为横坐标的调速特性；而另一种是如图 6-19 所示以负荷为横坐标的调速特性，其横坐标可用 N_e、M_e 或 p_e 表示。

从柴油机的最低转速到最高转速之间调速器都能起作用，这种调速器称为全程式调速器。工程机械、拖拉机和重型车辆等柴油机上均采用全程式调速器。

图 6-20 所示为全程式调速器的工作原理简图。图中，推力盘与油量调节拉杆 4 连接在一

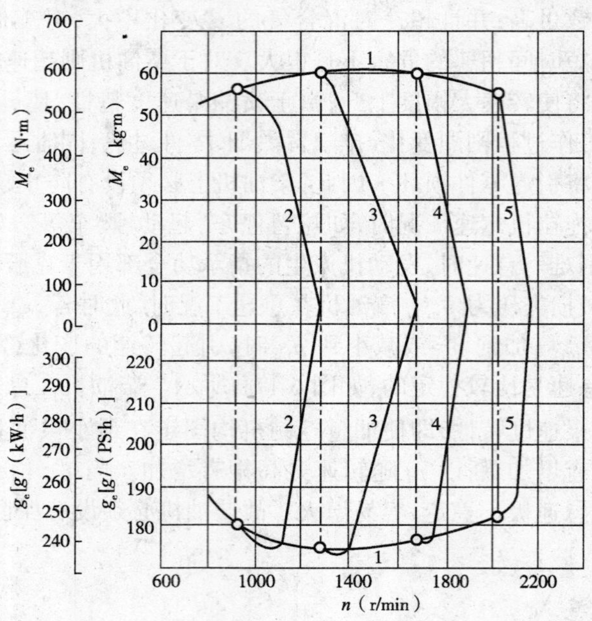

图 6-18　6120 柴油机的调速特性

1-外特性；2、3、4、5-调速特性

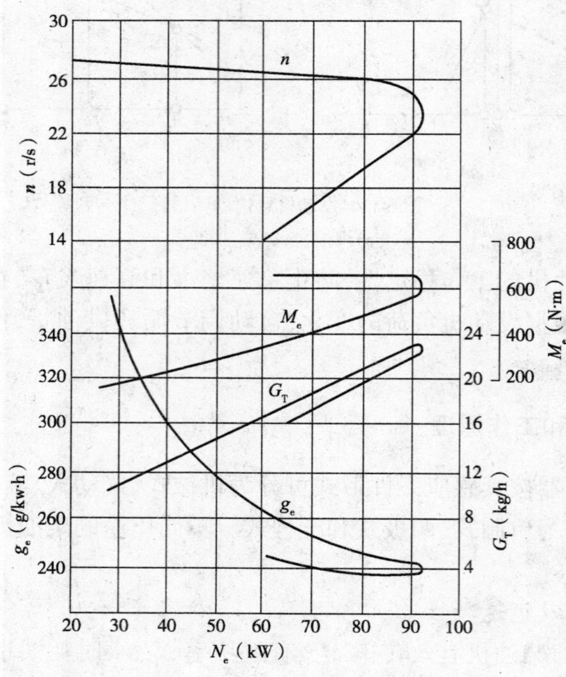

图 6-19　6135K-2 柴油机的调速特性

起，在柴油机工作时，驾驶员可根据所需转速范围，通过操纵机构转动调速手柄 1，将调速弹簧 2压缩到不同位置来调整弹簧预紧力。弹簧 2 的预紧力，通过托板 6 推动推力盘 5，有使油量调节拉杆 4 向增加供油方向移动的趋势；另一方面，喷油泵凸轮轴带动飞球旋转产生的离心力作用在推力盘 5 上的轴向分力，通过推力盘 5 有使油量调节拉杆 4 向减小供油方向移动的趋势。

由此可见，油量调节拉杆 4 的位置(即循环供油量)，完全取决于弹簧力与飞球离心力的平衡状态。

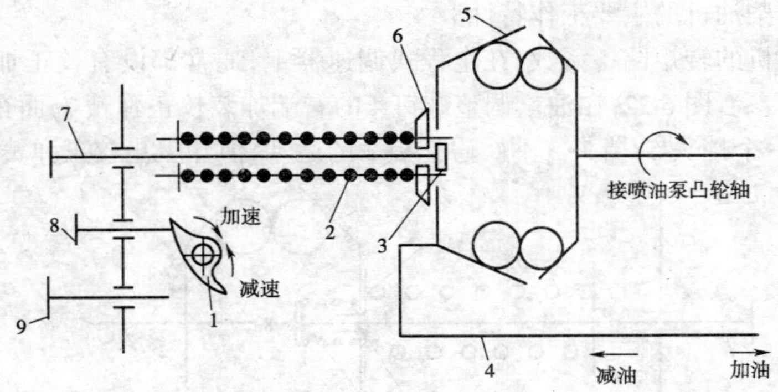

图 6-20 全程式调速器工作原理

1-调速手柄；2-调速弹簧；3-固定螺母；4-油量调节拉杆；5-推力盘；6-托盘；7-油量调整螺钉；8-怠速调整螺钉；9-限速螺钉

当调速手柄固定在某一位置时，调速弹簧则具有一个一定的预紧力，负荷变化时，柴油机在一定的转速范围内工作(如图 6-21 中 $n_1 \sim n_3$)。例如，当外界阻力矩为 M_1 时，柴油机发出的转矩与阻力矩平衡于 a 点，柴油机稳定在转速 n_1 下工作(图 6-21)。此时，飞球离心力的水平分力与弹簧力平衡，使油量调节拉杆处于最大供油量位置。当外界阻力矩从 M_1 减小到 M_2 时，柴油机转速升高，离心力增大，克服弹簧力，使推力盘压缩弹簧左移(参看图 6-20)，推动油量调节拉杆向减小供油量方向移动，使循环供油量减小；柴油机转矩下降至图 6-21 中 b 点，与外界阻力矩 M_2 相平衡，在转速 n_2 下重新稳定工作，当外界负荷全部卸掉时，曲轴转速迅速上升，离心力使油量调节拉杆推至最小供油量位置，此时供油量最小，柴油机处于空转(转速为 n_3)，即图 6-21 中 c 点。反之，当外界阻力矩增加时，柴油机转速下降，飞球离心力减小，弹簧力大于离心力，弹簧伸长，推动供油拉杆向增加供油量方向移动，供油量增加，使柴油机发出的转矩增加，直至与外界阻力矩平衡为止。

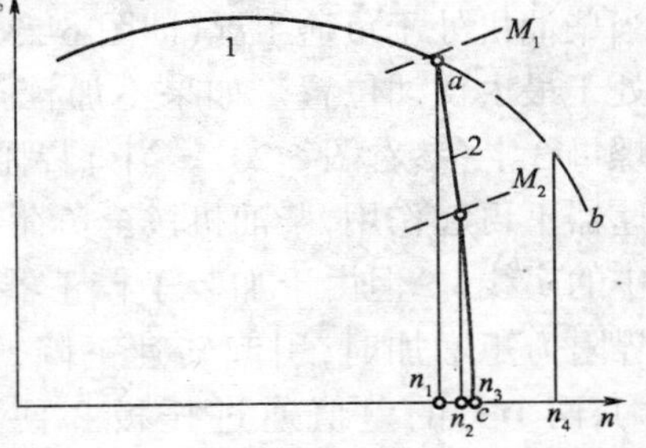

图 6-21 调速特性

由调速特性可知，由于调速器的作用，改造了柴油机的转矩曲线，在调速区段内，曲线随转速变化急剧，当 M_e 从最大变到零或由零变到最大时，转速却变化很小，从而保证了柴油机的工作稳定性。

当阻力矩超过 M_1 以后(图 6-21)，托盘 6 已被油量限制机构的固定螺母 3 顶住，参看图 6-20，而不能推动供油拉杆向增大供油方向移动，即供油量已达最大值，因此调速器不再起作用，柴油机将按外特性曲线 1 工作(图 6-21)。

驾驶员通过转动调速手柄，可以改变弹簧预紧力。不同的手柄位置，弹簧预紧力不同，与其平衡的飞球离心力亦不同，则调速器起作用的转速不同，即调速范围不同。因此，根据工作需要，驾驶员只要改变调速手柄的位置，就可以得到不同转速下的调速特性。如图 6-18 中的曲线 2～5。

工程机械柴油机均装有全程式调速器。在实际工作中，工程机械柴油机除超负荷工况外，全部在调速器起作用下工作。驾驶员只需根据工程机械作业的需要，将调速手柄固定在某一位置(即选定某一调速范围),调速器就根据外界负荷的变化,自动调节供油量,使柴油机在选定的调速范围内工作,因此柴油机主要是按调速特性工作的(如图6-18中某一斜线)。故调速特性是工程机械用柴油机的主要工作特性。

为了提高柴油机的转矩储备系数,在全程式调速器上,通常都设有校正加浓装置,即校正器。其结构原理可参看图6-22,在油量调整螺钉4的右端加装校正弹簧7,而在原固定螺母(图6-20的3处)改装一个挡头5,挡头5不妨碍托板3的运动,但却阻止校正弹簧座6左移。

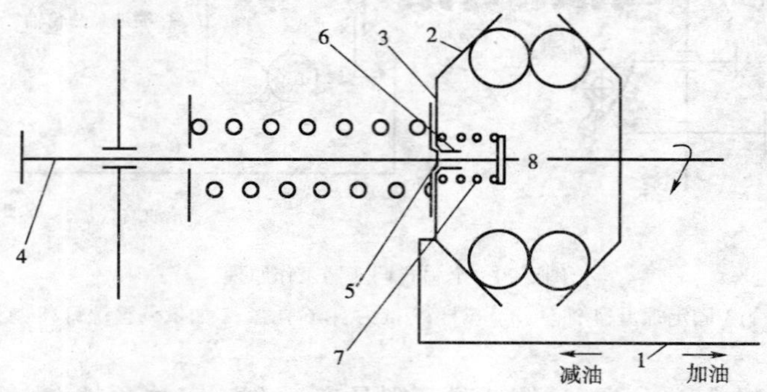

图6-22 弹簧校正加浓装置工作原理

1-油量调节拉杆;2-推力盘;3-托板;4-油量调整螺钉;5-挡头;6-校正弹簧座;7-校正弹簧;8-固定螺母

若柴油机在 a 点(图6-23)空转,当外界阻力矩增加时,将引起柴油机转速下降,调速器起作用,使循环供油量增加,此时柴油机按调速特性 ab 工作。当柴油机处于负荷工况(即图6-23中的 b 点)时,供油拉杆已处于最大供油位置。如果不加校正器,此时托板6靠在固定螺母3上(参看图6-20)。当外界阻力矩增加时,转速下降,调速器不再起作用,柴油机按全负荷速度特性 bc 工作(见图6-23中的实线)。但由于加装了校正器,当柴油机在 b 点工作,外界阻力矩增加时,引起转速下降,弹簧力因而大于飞球离心力,两个力的差值通过托板3使校正弹簧7被压缩(见图6-22),托板3推动油量调节拉杆1越过额定供油位置,向增加供油方向再移动一段距离,供油量相应增加,直到校正弹簧座6顶住固定螺母8后,校正器不再起作用。校正器起作用时,柴油机按图6-23中 bc 进行工作(见图6-23),因此提高了柴油机转矩储备系数,即提高了柴油机克服短期超负荷的能力。

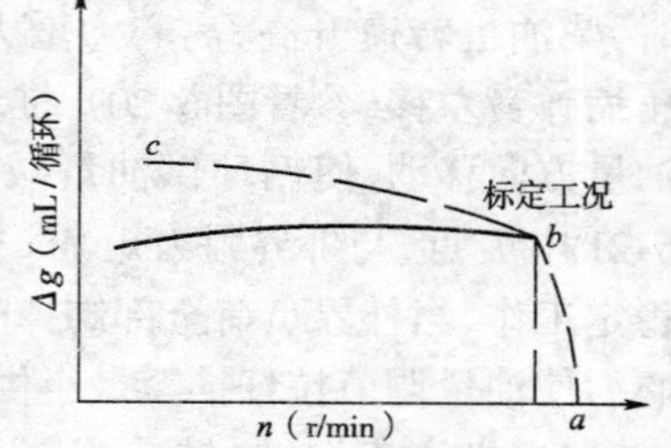

图6-23 弹簧校正加浓装置的作用

虚线-装校正弹簧;实线—未装校正弹簧

(二)两极调速器的调速特性

两极调速器只是在最低转速和最高转速时调速器起作用,以防止柴油机怠速不稳或飞车。调速器在中间转速不起作用,由驾驶员根据需要直接操纵油量调节机构,这种调速器是专为汽车而用,其工作原理如图6-24所示。

飞锤的径向移动通过弯臂杠杆1、2、3传递到驱动油量调节拉杆的杠杆4、5、6上,5点的位置随驾驶员控制装置位置而变。调速器工作时,飞锤的离心力可分别与两组顶压弹簧 S_1、S_2 的作用力相平衡。低速工作时,飞锤顶住软的外弹簧 S_1,调速器起作用,控制最低转速;在最低转速和最高转速之间,由于硬弹簧 S_2 的阻止作用,飞锤进一步移动受到限制,这时柴油机转速由驾驶员直接控制;只有转速达到最大工作转速时,飞锤才产生足够的离心力开始压缩内弹簧 S_2,带动油量调节拉杆6,减小供油量,调速器再次起作用,控制最高转速。可见,它与全程式调速器的根本区别在于：全程式调速器弹簧的弹力可以连续调节，而它的弹簧弹力不能连续调节。

这种调速器的调速特性如图 6-25 所示，只有在最低转速和最高转速附近，柴油机的转矩曲线在调速器的作用下才产生急剧变化，而在中间转速，调速器不起作用，转矩曲线按速度特性变化。

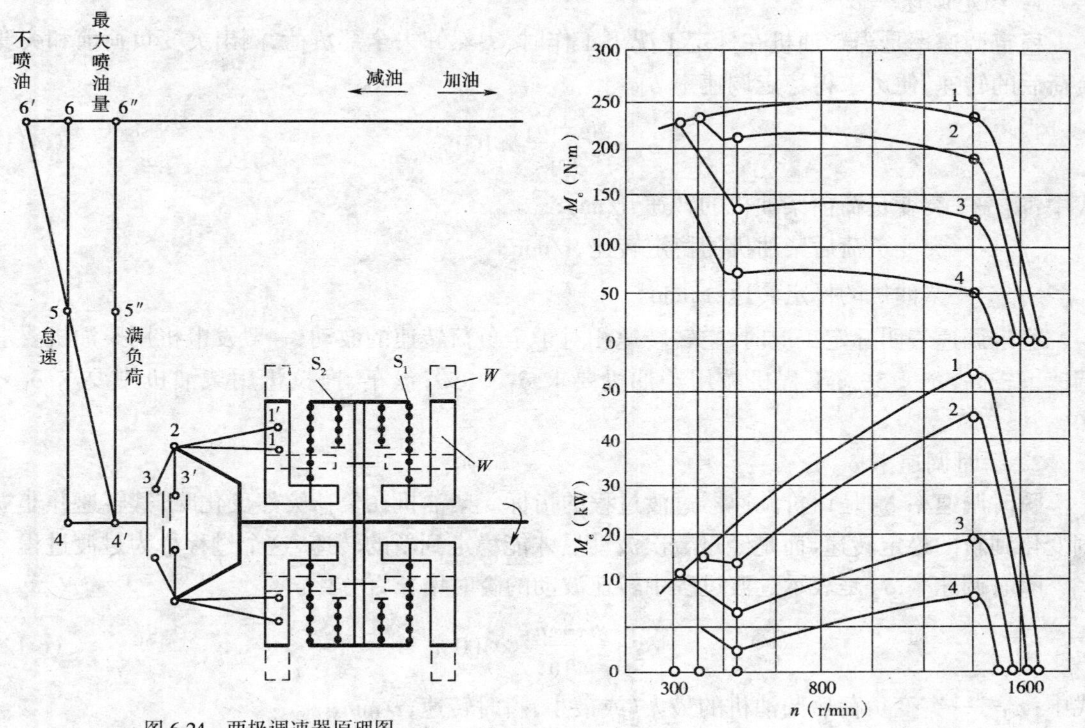

图 6-24　两极调速器原理图

1、2、3-弯臂杠杆；4、5、6-油量调节拉杆的杠杆

图 6-25　两极调速器的调速特性

对于一般汽车来说，行驶阻力变化幅度较小而且缓慢，但车速确需不断变化，加上车身的振动，加速踏板不可能稳定在一个确定位置，所以由驾驶员不断调节加速踏板踏板压下的程度，直接操纵油量调节机构，可以保持汽车相对稳定地行驶。另外，当车速变化时，两极式和全程式调速器响应方式不同，其效果也有区别，工作情况如图 6-26 所示。对于全程式调速器，踩下加速踏板相当于加大弹簧预紧力，调速器起作用，很快加大供油量，转矩迅速上升，然后再下降达到新的平衡点。这样，加速踏板稍有变动，汽车转矩便以很大加速度移向新的平衡点，这往往使客车等交通工具上的乘客感到不舒适，加速时也易冒黑烟，操作时要十分小心。此外，感应不直接，弹簧力直接由加速踏板操纵，加速踏板踏下较重，会产生操纵不顺畅。对于两极式调速器，驾驶员直接操纵油泵齿条，达到新平衡点的加速度小，反应快，加速性能好，操纵方便。所以除重型汽车外，一般汽车上常用两极式调速器。

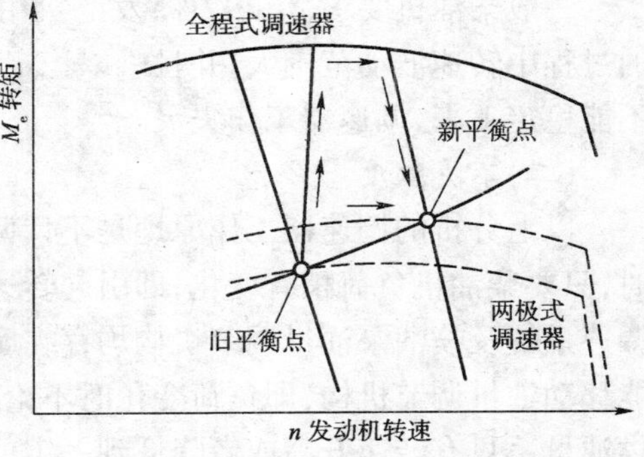

图 6-26　两极式和全程式调速器的比较（使平衡点移动时）

三、调速器的主要工作指标

调速器的工作好坏，通常用调速率和不灵敏度来评定。

(一)调速率

调速率可分为稳定调速率和瞬时调速率。

1．稳定调速率 δ_1

稳定调速率是当柴油机在标定工况下工作时，突然卸去全部负荷，测出突变负荷前和突变负荷后的转速，便可求得稳定调速率 δ_1。

$$\delta_1 = \frac{n_2 - n_1}{n_H} \times 100\% \tag{6-11}$$

式中：n_1——突变负荷前柴油机的转速，r/min；

n_2——突变负荷后柴油机的稳定转速，r/min；

n_H——柴油机的标定转速，r/min。

稳定调速表明标定工况时，空转转速相对于全负荷转速的波动，一般发电机用柴油机要求调速率较高，$\delta_1 < 5\%$；工程机械用柴油机要求 $\delta_1 < 8\%$；汽车、拖拉机用柴油机则要求 $\delta_1 < 10\%$。

2．瞬时调速率 δ_2

瞬时调速率 δ_2 是评价调速器过渡过程的指标。柴油机在负荷突然变化时，其转速并非立刻变化到新的稳定转速，而是经过数次波动后才能稳定到新的转速，这个过程称为过渡过程。

瞬时调速率 δ_2 是表示过渡过程中转速波动的瞬时增长百分比。

$$\delta_2 = \frac{n_3 - n_1}{n_H} \times 100\% \tag{6-12}$$

式中：n_3——突变负荷后柴油机的最大(或最小)瞬时转速，r/min；

n_1——突变负荷前柴油机的转速，r/min；

n_H——柴油机标定转速 r/min。

一般柴油机要求 $\delta_2 < 12\%$，发电机用柴油机要求 $\delta_2 < 10\%$。过渡过程不好时，调节转速的过程中转速波动范围大，并且难以稳定转速，甚至会产生“游车”现象，即转速忽高忽低，转速不能稳定下来，调速器工作失灵。

(二)不灵敏度

以上分析的调速器工作原理是不计调速系统中摩擦阻力的理想情况。当不考虑摩擦阻力时，只要柴油机负荷稍有变化，即引起转速稍有变动时，调速器便立即起作用。但实际上，由于调速系统及喷油泵油量调节机构均存在摩擦阻力，因此必须有一定的力来克服摩擦阻力后，才能移动油量调节机构，即负荷变化时不论转速上升或下降，调速器都不会立刻产生反应而改变供油量。只有转速升高或者降低到一定值时，弹簧力和飞球离心力，这两个力的差大于摩擦力的合力时，才能使油量调节机构移动而改变供油量，调速器才能起作用。例如柴油机工作转速 $n = 2000$r/min 时，调速器对 $n = 1982$r/min 到 $n = 2020$r/min 范围内的变化都不起反应。这种现象称为调速器的不灵敏性。

调速器实际起作用的两个极限转速之差与柴油机平均转速之比，称为调速器的不灵敏度，用 ε 表示。

$$\varepsilon = \frac{n'' - n'}{n} \tag{6-13}$$

式中：n'——当柴油机负荷增大时，调速器开始起作用转速，r/min；

n''——当柴油机负荷减小时，调速器开始起作用的转速，r/min；

n——柴油机的平均转速，$n = \frac{n'' + n'}{2}$，r/min。

不灵敏度还可以表示为：

$$\varepsilon = \frac{f}{E} \tag{6-14}$$

式中：f——调速系统中的摩擦阻力；

E——调速器起作用时，作用在推力盘上的推动力。

不灵敏度过大时，会引起柴油机转速不稳，严重时将导致调速器失灵，有产生飞车的危险。在转速较低时，由于弹簧的弹力减小及喷油泵拉杆移动摩擦阻力相对增加，使调速器不灵敏度 ε 显著增加。一般在标定转速时 $\varepsilon = 1.2\% \sim 2\%$，最低转速时 $\varepsilon < 10\% \sim 13\%$。

第六节　万有特性

发动机的负荷特性和速度特性只能表示在某一指定转速或某一指定的燃料供给调节机构位置运行时，发动机性能参数间的变化规律，而不能全面地表示发动机的性能。由于工作机械和汽车、拖拉机用发动机的工况变化范围很广，要分析各种工况下的性能就需要许多负荷特性或速度特性，因此极不方便。为了能在一张图上全面表示发动机的性能，经常应用能综合反映各参数变化的特性曲线，这就是万有特性。

应用最广的万有特性是将转速 n 作横坐标，平均有效压力 p_e（或有效转矩 M_e）作纵坐标，在坐标系内做出若干条等燃料消耗率 g_e 曲线和等功率 N_e 曲线，组成一群曲线族，如图 6-27 所示。它可表示发动机在各种转速、各种负荷下的燃料经济性。

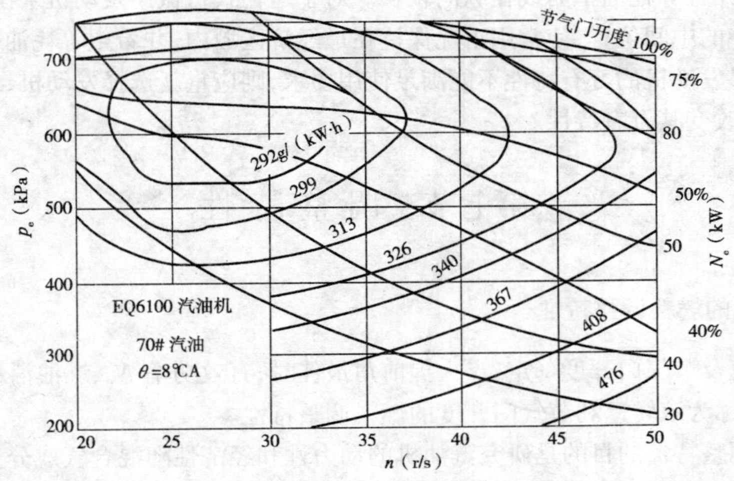

图 6-27　汽油机的万有特性

万有特性可根据不同转速下的负荷特性曲线族经过坐标转换后得到。等耗油率曲线的做法如图 6-28 所示。将在各种转速下的负荷特性曲线以相同的坐标画在一张图上，作若干条与

p_e坐标轴平行的等 g_e 线,每条等 g_e 线都与各转速下的 g_e 曲线有 1~2 个交点,然后将每个交点(均对应一定的 n 和p_e)转换到以 p_e 为纵坐标、n 为横坐标的坐标系内,再把各等 g_e 点连线,即得到一条等耗油率曲线。这样就可做出若干条等 g_e 曲线。

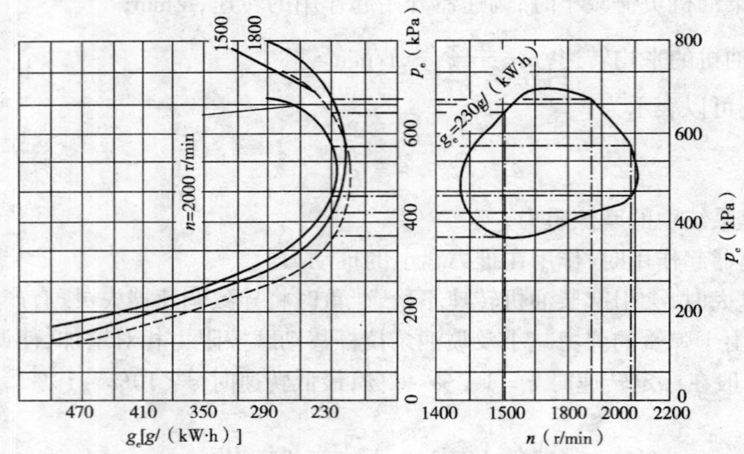

图 6-28 万有特性的做法

等功率曲线根据 $P_s = \frac{p_e V_h n i}{30\tau} \times 10^{-3} = K p_e n$ 公式做出。在 $p_e - n$ 坐标系中,等功率曲线是一组双曲线,将标定功率速度特性(或外特性)中的 p_e(或 M_e)曲线画在万有特性图上,构成上边界线。

从万有特性图上,可清晰而全面地了解发动机在某种工况下的性能,很容易找出最经济的负荷和转速范围。最内层的等耗油率曲线为最经济区域,曲线愈向外,经济性越差,等 g_e 曲线的形状与分布情况对发动机的使用经济性有重要影响。对于工程机械和拖拉机用发动机,经常处于负荷变化较大,而转速变化不大的情况下工作,因此希望最经济区在万有特性上部,负荷较大的位置,并且等耗油率曲线在纵向较长。对于运输式机械用发动机来说,则希望最经济区处于万有特性的中间位置,使常用工况保持在最经济区域内,并希望等耗油率曲线沿横坐标方向较长。如果发动机的万有特性不能满足使用要求,则应重新选择发动机,或对发动机进行适当地调整,以改变其万有特性。

第七节 调 整 特 性

一、汽油机的燃料调整特性

汽油机转速及节气门开度一定,点火提前角最佳时,有效功率 N_e、燃油消耗率随混合气成分变化的关系,称为该转速和节气门开度的燃料调整特性。

分析燃料调整特性的目的是研究汽油机的动力性和经济性随混合气成分变化的规律。确定汽油机在不同工况时的最佳混合气成分,为化油器的调整与量孔尺寸的确定,以及为发动机选择与匹配电控汽油喷射系统提供依据。

汽油机负荷变化时,虽然是通过改变节气门开度来实现混合气量的调节,但是发动机各工况对混合比的要求是不同的。汽油机在起动和怠速工况时,进入汽缸的可燃混合气数量少、流速低、汽化条件差，缸内残余废气相对增多，可燃混合气受到稀释，因此要求供给 $\alpha=0.67\sim0.84(AF=10\sim12.4)$的浓混合气；而部分负荷工况是车用发动机的常用工况，要求发动机在最经济的混合比下工作，如在低负荷(40%负荷以下)时，由于残余废气的稀释作用，最经济的混合比 α 往往小于1，在中等负荷时，一般在 $\alpha=1.0\sim1.2$ 范围内；当车用汽油机在爬坡和超车时的全负荷或接近全负荷工况时，要求发动机发出最大功率，需要供给 $\alpha=0.85\sim0.95$ 的较浓混合气。能全面满足上述发动机对化油器所提出的各种工况下混合气特性要求的化油器，即所谓"理想化油器"。理想化油器特性可以通过制取汽油机燃料调整特性求得。可见，最佳燃料调整应选择在最大功率点与最低耗油率点之间，具体要根据发动机的使用情况而定。对经常在大负荷下工作的发动机选在最大功率点处，对动力性要求不高的发动机选在靠近最低耗油率处。

因为最大功率点与最低燃油消耗率点对应的过量空气系数不同，化油器用一个量孔尺寸不能满足要求。通常主量孔的选择依据是测定常用负荷和常用转速下的油耗曲线，曲线最低点相应的量孔尺寸为主量孔(经济量孔)。功率量孔尺寸的选择依据是测定节气门全开标定转速下的功率曲线，曲线最高点对应的量孔为功率量孔。

因此，为了解和分析发动机动力性和经济性随混合气成分而变化的规律，以便调整化油器，常用试验的方法制取发动机的燃料调整特性。试验时，保持发动机转速和节气门开度不变，点火提前角为最佳值，通过可调节量针来控制化油器主量孔的流通截面，从而改变混合气浓度，制取燃料调整特性。然后做发动机功率 N_e(或转矩 M_e)和燃料消耗率 g_e 随燃料消耗量 G_T(或过量空气系数 α)而变化的燃料调整特性曲线(图 6-29)。

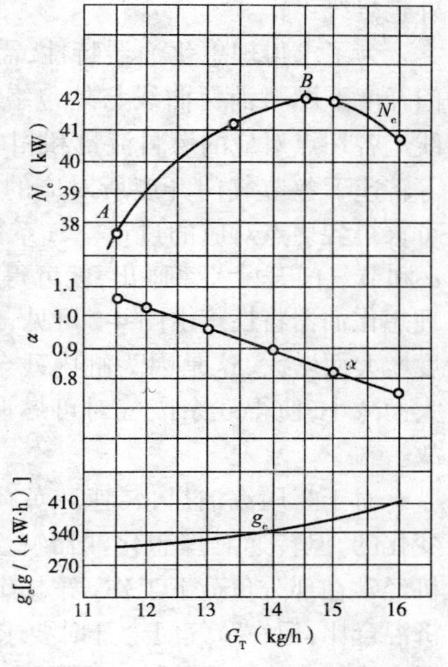

图 6-29　汽油机燃料调整特性

在节气门开度和转速不变的条件下，由 $N_e=K_2\dfrac{\eta_v}{\alpha}\eta_i\eta_m n$ 知，N_e 曲线的历程主要取决于$\dfrac{\eta_i}{\alpha}$、η_m 随 G_T(或 α)的变化情况。当 G_T 增加时，因空气量不变，故 α 下降(如图 6-29 所示)进而可分析 η_i、η_m 随 α 的变化规律。如前所述，当时 $\alpha\approx1.1$，因燃烧比较完全，燃烧速度也较快，因此 η_i 最高；当 α 偏离 1.1 时 η_i 将下降。由 $\eta_m=1-\dfrac{p_m}{p_i}$，当转速 n 一定时，机械损失平均压力可视为定值，所以 η_m 将随 p_i 的增大而增加。而 $p_i=K\dfrac{\eta_v}{\alpha}\eta_i$，其中 η_v 不变，所以 η_m 随 α 的化变规律将与$\dfrac{\eta_i}{\alpha}=f(\alpha)$相同。这样当 G_T 增加到 $\alpha\approx0.85\sim0.9$ 时，因火焰传播速度最快，燃烧速率最高、p_i 最大，即$\dfrac{\eta_i}{\alpha}$和 η_m 均达到最大值，因此发动机发出最大功率；当 α 大于或小于 0.9 时，因$\dfrac{\eta_i}{\alpha}$和 η_m 均下降，所以功率也降低。而当 $\alpha\approx1.1$ 时，因 η_i 最高，η_m 也较高，所以燃料消耗率 g_e 达最低值；当 α 大于或小于 1.1 时，由于 η_i、η_m 的综合作用，g_e 都将增加。

图 6-30 为汽油机同一转速不同节气门开度时的燃料调整特性。由图 6-27 可知，对应每一节气门开度，特性曲线上相应都有一个最高功率点和一个最低燃料消耗率点，但它们所对应的

燃料流量是不同的,即最大功率点的燃料流量大于最小燃料消耗率点的燃料流量,由于空气流量相同,因而可知最大功率点的混合气比最小燃料消耗率点的混合气浓。因为空气流量可以测得,因此可求得最大功率点和最低燃料消耗率点的过量空气系数 α 值。一般节气门全开时的最大功率点的 α 值约为 0.85 ~ 0.95,最小燃料消耗率点的 α 值约为 1.05 ~ 1.15。如图 6-30 做出燃料消耗率曲线族的外包络线,就可知发动机在保持转速不变条件下,不同节气门开度时可能获得的最佳燃油经济性。显然它比不同节气门开度时燃油消耗率曲线最低点连线所决定的最低燃油消耗率还要低。燃油消耗率曲线的外包络线相应的功率曲线也就是功率曲线的外包络线。因此,为保证发动机在最经济条件下运行,除节气门全开时可按燃料调整特性发出最大功率外,其余节气门开度时应按外包络线工作。因为在部分负荷时要增大功率,只要加大节气门开度就可很方便地达到,而不必采用加浓混合气的方法,使发动机沿燃料消耗率曲线族的外包络线工作。

为了求得理想化油器特性,需找出图 6-30 上每一节气门开度下燃料消耗曲线与外包络线的切点,以求得外包络线上各切点对应的燃料流量和相应的节气门开度。由于在等转速下各节气门开度所对应的空气流量可以测得,因而可求得各切点对应的过量空气系数 α。若将各切点对应的 α 和节气门开度关系画出,就可得到如图 4-2 所示的发动机理想化油器特性。由图 4-2 可见,最经济混合比随节流阀开度增大而增大,这是因为缸内残余废气系数随节气门的增大而减小,使得残余废气对可燃混合气稀释作用减轻的缘故。

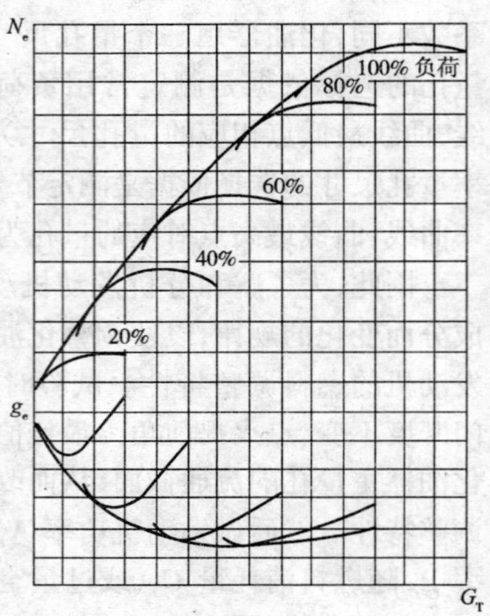

图 6-30　同一转速不同节气门开度时的燃料调整特性

对于车用汽油机,转速和负荷(节气门开度)都是经常变化的,但转速对理想化油器特性的影响不大。车用发动机经常在部分负荷下工作,要求有良好的经济性,应采用经济混合比,但在节气门全开时要求发出最大功率,应按功率混合比工作。为了特性过渡圆滑,在节气门开度达到85% ~ 90%时就开始加浓,直到全开时按功率混合比工作,如图 4-2 虚线所示。实际上在部分负荷时,其混合比也略比经济混合比浓,这是考虑到化油器使用后,主量孔流通截面可能被黏性沉积物部分堵塞,引起混合气过稀而事先采取的措施。

在确定了发动机对化油器的客观要求基础上,就可以着手选定化油器,并对化油器特性进行调整,使之接近或符合理想化油器特性。

对于电控汽油喷射系统,为使发动机的综合性能达到最佳,关键是要确定最佳的喷油量,即要进行发动机混合气成分的最佳调整与匹配。可通过发动机台架试验测取燃料调整特性,以此来确定各工况的最佳混合气成分。系统在全负荷工况下,所控制供给混合气的空燃比在其全部运转转速范围内,在避免产生爆震的条件下,以具有最大的转矩而进行调整;在部分负荷工况下运行,该系统的匹配是保证混合气成分以达到最低油耗的前提下,兼顾低的排放性能;在汽车发动机怠速运转工况,供给混合气的成分以侧重考虑发动机的运转性能与低的怠速排放性能。

二、柴油机的供油提前角调整特性

供油提前角对柴油机的性能有很大的影响。为了了解当供油提前角变化时,发动机动力性和经济性的变化规律，确定每一工况时的最佳供油提前角，为设计和检查供油提前角自动调节装置提供依据，常用试验的方法制取柴油机供油提前角调整特性。这种特性是在转速和供油一定的条件下制取的。改变供油提前角，测算出不同供油提前角时的功率 N_e 和小时耗油量 G_T，即可做出 $N_e = f(\theta)$、$G_T = f(\theta)$ 与 $g_e = f(\theta)$ 曲线，如图 6-31 所示。图中对应功率曲线的最高点和燃料消耗率曲线的最低点的供油提前角即为最佳供油提前角。但实际选用供油提前角时，往往取得略小一些，以改善发动机的噪声和烟度。

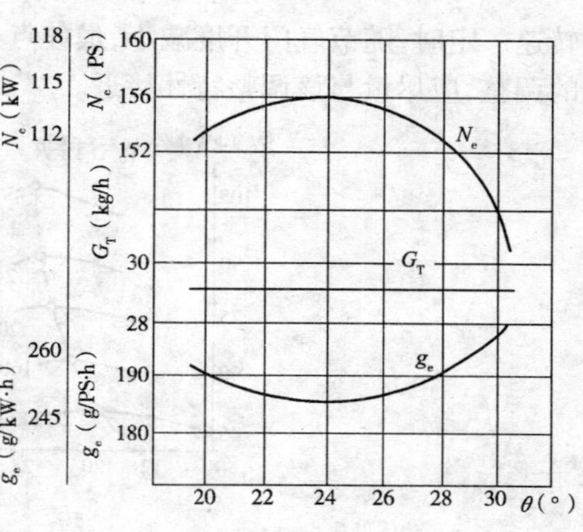

图 6-31　6120Q 型柴油机的供油提前角调整特性

（$n = 2000$r/min）

因为试验时转速 n 和每循环供油量 Δg 保持一定，由 $G_T = K_4\Delta gn =$ 常数知，G_T 线为为一条平行于 θ 坐标的直线，如图 6-31 所示。

由 $N_e = K_4\Delta g\eta_i\eta_m n$ 和 $g_e = \dfrac{K_3}{\eta_i\eta_m}$知，$N_e$、$g_e$ 曲线的历程主要取决于 η_i、η_m 随 θ 的变化。当 θ 过大或过小时，η_i 都将下降，只有在 $\theta_{最佳}$处时 η_i 才达最大值。而 η_m 随 θ 的变化规律，由 $\eta_m = 1 - \dfrac{p_m}{p_i}$知，当 n 不变时，p_m 可视为定值，所以 η_m 随 p_i 的增大而增加。而 $p_i = K\Delta g\eta_i$，所以 η_m 随 θ 的变化规律同 $\eta_i = f(\theta)$。综合 η_i、η_m 的影响可知，当 $\theta > \theta_{最佳}$和$\theta < \theta_{最佳}$时，因 η_i、η_m 均下降，所以发动机功率下降而燃油消耗率增加，只有在 $\theta = \theta_{最佳}$时，可得到最大功率和最低燃油消耗率。图示的 $\theta_{最佳}$约为 24°曲轴转角。

同样可制取其他转速和供油量条件下的供油提前角调整特性，从而得到柴油机不同转速和不同负荷下的最佳供油提前角，故要求发动机的供油提前角能随工况不同而自动调整。

三、汽油机的点火提前角调整特性

当汽油机节气门开度、转速及混合气浓度一定时，汽油机功率和燃油消耗率随点火提前角变化的关系，称为点火提前角调整特性。

分析点火提前角调整特性的目的是研究汽油机性能指标随点火提前角变化的规律，确定汽油机不同工况时的最佳点火提前角。

图 6-32 为汽油机的点火调整特性。其中，p_e 最高点与 g_e 最低点对应同一点火提前角 $\theta_{最佳}$，$\theta_{最佳}$称为最佳点火提前角。点火提前角过大时，由于压缩功增加使 N_e 下降、g_e 增加，且爆燃倾向增大；当点火提前角过小时，由于燃烧不及时，补燃增加，也使 N_e 下降、g_e 增加。

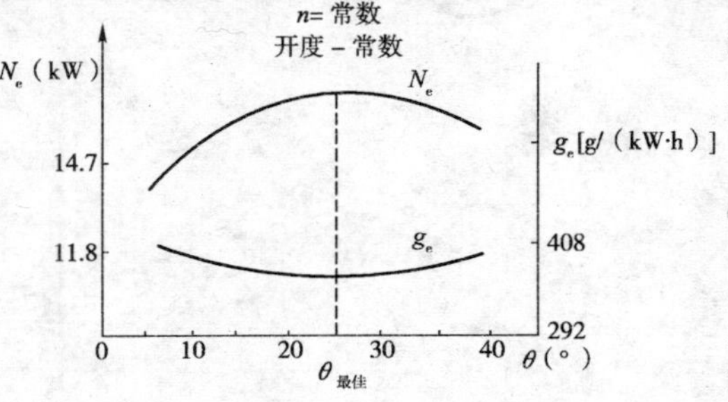

图 6-32　汽油机点火调整特性

也可测定图 6-33 所示的点火调整特性。图 6-33a）为节气门全开时的点火调整特性。可见，当节气门全开时，随汽油机转速的增加，最佳点火提前角相应增大。点火系的离心提前调节机构对点火提前角的调整，应尽量与该调整特性接近。图 6-33b）为常用转速的点火调整特性。当转速一定时,随节气门开度减小,最佳点火提前角相应增大。真空提前调节机构对点火提前角的调整,应尽量与该调整特性接近。

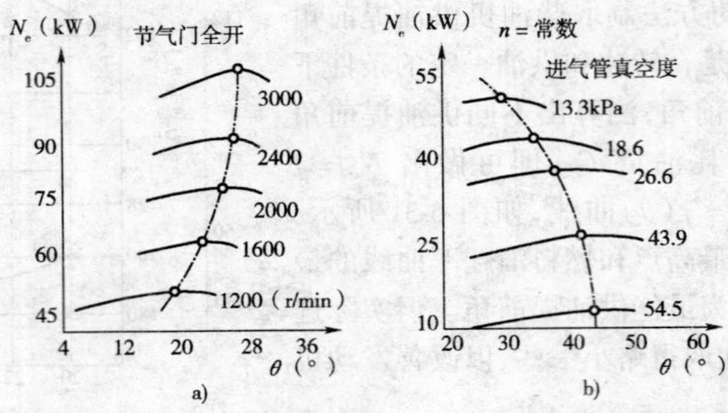

图 6-33 25Y-6100Q 汽油机的点火调整特性

a)节气门全开时;b)转速 $n=1600r/min$

上述机械式点火系统只能实现对发动机转速与负荷的调节,只能在两参数的控制范围内起作用。不能保证发动机在任意运行情况下都能获得最佳点火提前角,因而也不可能使发动机具有最佳的性能。电控点火系统将发动机在各种运行工况下最佳点火提前角值事先储存在一个控制单元内。发动机实际运行时,微计算机根据运行的转速和负荷信息,在所储存的点火特性中取出适应于该工况下的点火提前角数值,并可根据发动机温度、进气温度、节气门位置等信息,对所选的点火提前角进行修正,使发动机总能得到一个最佳的点火提前角。

点火特性曲线可由发动机台架试验制取。对不同运行工况点火定时的调整应综合考虑发动机的使用性能。如在怠速工况下,点火提前角应调整到首先对降低怠速排放有利,然后是考虑怠速稳定与减少油耗;在部分负荷工况下,点火提前角的调整,应突出车辆的行驶性能与节省燃油;在全负荷运行时,点火提前角的调整重点是不产生爆燃,且在运行时具有最大的转矩性能。

第七章　发动机的废气涡轮增压

在发动机发展的早期，对发动机的进气充量增压已经有了实际应用。1915 年，瑞士工程师波许（Alfred Büchi）博士首先提出利用发动机废气（排气）能量进行废气涡轮增压柴油机的新概念。由于增压发动机在单位功率的重量、燃油消耗率、噪声、排放及高原性能诸方面均优于非增压发动机，因此现代高性能发动机普遍采用增压技术。

本章通过介绍废气涡轮增压器的工作原理、主要性能指标及其特性，为发动机合理选配废气涡轮增压器提供一定的理论指导。

第一节　概　　述

一、发动机增压的基本概念

如前所述，发动机输出功率的大小，取决于单位时间内进入汽缸中所能燃烧的燃料的数量和所产生热能的有效利用程度，而单位时间所能燃烧的燃料量又决定于单位时间内进入汽缸的空气量。自然吸气的发动机，由于吸入汽缸的新鲜充量的限制，发动机功率提高的潜力已不大。

由公式：

$$N_e = \frac{p_e V_h i n}{30\tau}$$

$$p_e = k\ \frac{\eta_i}{\alpha}\eta_v \eta_m \rho_k$$

可知，如果用专门的压气机使空气在进入汽缸之前预先进行压缩，提高进入汽缸新鲜充量的密度以增加汽缸的进气量，就有可能提高发动机的平均有效压力，从而提高发动机的功率，这种方法称为增压。增压是提高发动机功率的重要途径，因此得到了越来越广泛的利用。对于在高原地区，因气压低空气稀薄而造成功率下降的情况，采用增压技术也是恢复发动机功率的一种有效方法。

由公式 $\rho_k = \dfrac{p_k}{RT_k}$ 可知，充量密度与增压压力成正比，与增压温度成反比。空气从状态“0”压缩到状态“k”所发生的密度变化，根据气体状态方程可写为：

$$\frac{\rho_k}{\rho_0} = \frac{T_0 p_k}{T_k p_0} \tag{7-1}$$

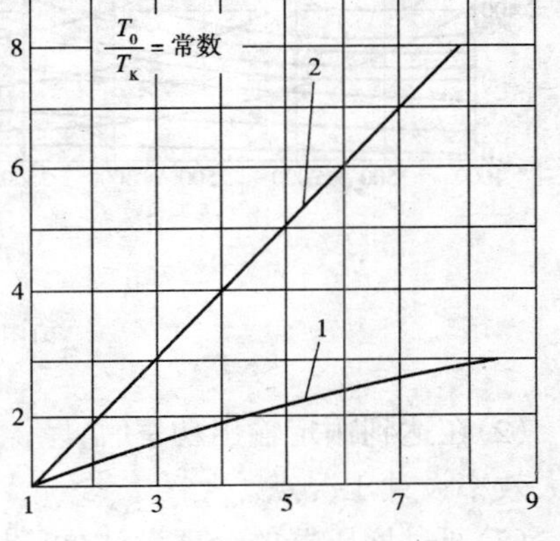

图 7-1　充气密度与增压压力的关系
1-无中间冷却；2-有中间冷却

所以，只有在增压压力提高而充量温度保持不变的情况下，空气密度才与压力比成正比关系，如图 7-1 曲线

2 所示。这时发动机功率才与增压压力成直线变化的关系增长。如增压空气不经冷却，则增压空气的密度与增压压力的关系如图中曲线 1 所示。

在增压技术中，将 $\pi_k = \frac{p_k}{p_0}$ 称为增压比。$\pi_k < 1.6$ 为低增压，$\pi_k = 1.6 \sim 2.5$ 时为中增压，$\pi_k > 2.5$ 为高增压。在增压压力较高的时候，由于增压空气温度的提高将降低增压空气的密度，严重影响发动机功率的提高，并导致汽缸热负荷的增加，因此当高增压时，为了降低增压空气进入发动机汽缸的温度，在压气机出口和发动机进气管之间还设置冷却器，对增压后的空气进行冷却，即所谓中间冷却。而在低、中增压时，不一定要设置这种中冷器。

发动机采用增压后功率提高的程度，用增压度表示，并定义为发动机增压后增长的功率与增压前的功率之比。

$$\varphi = \frac{N_{ek} - N_e}{N_e} \times 100\% \tag{7-2}$$

式中：φ——增压发动机的增压度；

N_{ek}——增压后发动机的标定功率；

N_e——增压前发动机的标定功率。

现代四冲程增压柴油机的增压度，高的已达到 300% 以上，而车用发动机的增压度，一般大约在 10% ~ 60% 范围内。因为目前多数增压发动机和非增压发动机属一个系列，增压度受机械负荷和热负荷的限制，而且车用柴油机增压还存在一些特殊问题有待解决。

二、增压发动机的特点

(1)功率相同时，发动机的空间尺寸减小，质量减轻，这对于车用发动机的经济性更有意义，参看图 7-2。

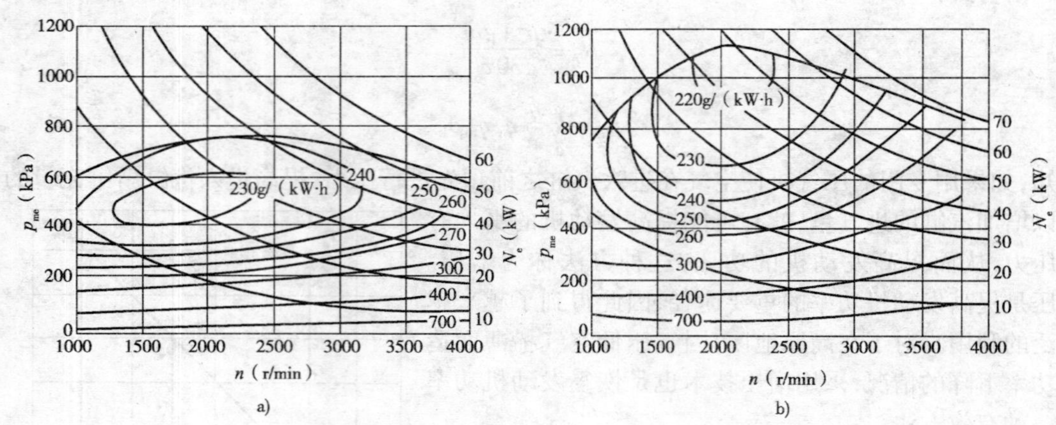

图 7-2 Sofim 柴油机万有特性

a)非增压；b)增压

(2)在达到额定输出功率时，摩擦损耗相对较小，在部分负荷时，增压发动机的工况更接近最大效率设计工况点。

(3)通过增压器的合理设计，可以将转矩特性改进为低速高转矩，这对车用机非常有利。

(4)随行驶地区海拔高度升高而导致的功率下降，可通过增压度来弥补。

在高原地区工作的发动机，因环境海拔高、气压低、空气稀薄、吸气不足等原因带来功率下降的问题。资料表明,海拔每升高1000m,发动机功率平均下降11.3%。所以在高原地区采用增压办法,增加进气充量,是恢复发动机功率的有效措施。如图7-3所示的CA-10B汽油机在海拔3700m的拉萨地区增压前后的外特性曲线。增压后不但发动机的功率和转矩都得到较大的恢复和提高,而且燃料经济性也明显地改善。

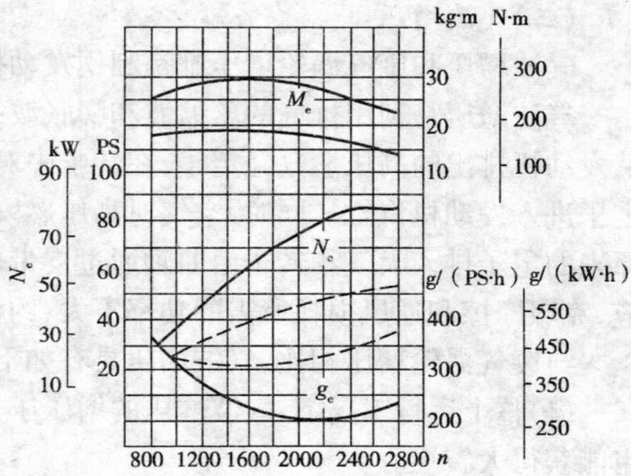

图7-3 CA-10B汽油机增压前后外特性曲线(海拔3700m)

实线-增压;虚线-非增压

(5)通过增压可以使排放降低。比如对于增压汽油机,通过最合适的燃烧室形状设计和在涡轮机内的后燃使HC值降低;在高负荷范围内使NO_x降低;对于增压柴油机由于空气过量,使烟度有所下降。

(6)降低噪声。柴油机增压后,由于混合气工作温度升高,着火延迟期缩短,燃烧过程变得柔和,对直喷式柴油机更是有利。另外,通过换气管内的波动和消声,也使噪声减小,表面辐射噪声也有所下降。

(7)机械损失减少,经济性得到改善。增压机由于平均有效压力提高,机械损失相对减少,因而在高负荷区机械效率得到提高;而在低负荷区,由于进、排气阻力和换气损失的增加,经济性受到影响。在相同功率时,增压机比非增压机的排量要小、机械损失也相对要小。这样,增压机的比油耗比非增压机小、等油耗的经济运行区扩大,另一方面,排量不变时降低转速,机械损失也就减少,热效率得到提高。

(8)增压机的主要零部件的机械负荷和热负荷均增加。

三、发动机增压的种类

按增压的工作原理,发动机增压可分为:机械式增压、容积式(进气管)增压、气波增压、废气涡轮增压、复合增压。

(一)机械式增压

机械式增压是压气机由发动机曲轴通过传动装置直接驱动增压器的增压方式。机械式增压又分为挤压式和流动式。流动式工作效率高,但其性能不适合于车用机。挤压式又分为柱塞式、螺旋式、叶片式、转子式,其工作原理都是通过工作容积的减少对新气进行压缩而实现增压。

机械式的主要优点是简单、比较便宜,但当增压比较高时,消耗的驱动功率很大,可超过指示功率的10%,而使整机的机械效率下降,比油耗增加,因此主要用于小型机,通常其压气机出口压力不超过160~170kPa。由于废气涡轮增压在低转速、小负荷时供气不足,因而机械增压在轿车发动机上重新采用。

(二)容积式增压(容积式进气管)

这种增压装置是利用每个循环在进气管内产生的压缩波和膨胀波来增压的。每一汽缸都接有一定长度的特殊进气管,根据进气管长度在发动机的不同转速范围内出现明显的后充气效应,从而提高了供气效率。但在另一转速范围内,会产生膨胀波,反而会使供气效率降低。

(三)气波增压

气波增压和废气涡轮增压都是利用发动机排出的废气的能量来进行增压的。

气波增压是利用排气的压缩波和膨胀波来传递能量的。它由一个转子和两个定子组成。从发动机排出的高压燃气经定子,在转子中对空气进行压缩。空气的压力、温度升高后从另一定子进入发动机汽缸。同时,空气对高压燃气产生一个膨胀波,使燃气压力下降,低压燃气从原来的定子排入大气。转子由曲轴通过皮带轮等传动装置驱动旋转,压缩能量由排气直接供应,克服摩擦和通风损耗所需的功率不大,约消耗整机功率的1.0%~1.5%。

与废气涡轮增压相比,气波增压具有如下优点:

(1)整个运行工况下,气波增压的增压压力较高,尤其是在低转速下更为明显,在低转速时也能获得大转矩。

(2)整个运行工况下,气波增压的空气密度较高。

(3)低速时,气波增压有较大的平均有效压力和功率,有较好的经济性。

(4)在运行转速范围内,气波增压的排气温度较涡轮增压低。

(5)气波增压的加速性好。因为其转子轻巧,对负荷改变的响应几乎无延滞,适合车用。

(6)通常不需要阀门控制。

也就是说,气波增压与涡轮增压比,有更佳的低速运行特性及经济性和加速性,且结构简单、制造方便。

但气波增压的结构尺寸较大,在发动机上的安装位置受到限制,噪声大。用于汽油机时,由于其转速范围宽、流量大、温度更高,还存在困难。

(四)复合增压

在有些发动机上,除了应用废气涡轮增压外,同时还应用机械驱动增压。这就是所谓的复合增压。比如,在某些二冲程柴油机上,为了保证起动和低转速、低负荷时有必要的扫气压力,就采取了这种增压方式。该增压方式又分为串联增压和并联增压。所谓串联增压,就是二级增压,即新鲜空气先由涡轮机增压,再由机械式增压器增压。并联增压就是,新鲜空气同时进入两个增压器,增压后再将新鲜空气同时送入发动机。

还有一种是将废气涡轮增压与惯性增压组合,也叫复合增压。它是将经废气涡轮增压器增压后的新鲜空气送到一个由谐振腔和谐振管组成的谐振系统中,谐振系统产生相应的激振频率,如果这个频率与进入系统的空气频率相同,则产生共振。可利用这种共振所产生的能量来增加充气效率。系统的自振频率取决于管道的长度和直径、谐振腔的容积及空气的速度等。

该系统能使发动机在最大转矩转速时达到最佳充气性能,还能同时提高低速转矩,加快增压器的响应速度,改善燃烧效率,从而降低油耗、减少污染,且结构简单、运行可靠,已在车用发动机中得到较多应用。

第二节 废气涡轮增压器的工作原理

废气涡轮增压器主要由压气机部分和涡轮机部分组成。压气机用来提高空气的压力,涡轮机则用来驱动压气机。根据废气在涡轮机中的流动方向,涡轮增压器可分为径流式涡轮与轴流式涡轮。在轴流式涡轮中,废气沿涡轮旋转轴线方向流动(图7-4a)。当流量较大时,它的效率较高，适用于大流量的废气涡轮增压器，因此多用于工业和船舶大功率柴油机中；而在径流式涡轮中，废气沿与涡轮旋转轴线向上垂直的平面径向流动（图7-4b），在流量较小时，它的效率较高，制造较简单，适用于小流量的废气涡轮增压器，因此多用于中、小功率柴油机中。下面主要讨论车用柴油机的径流式涡轮增压器。如图7-5所示，它由离心式压气机、径流式涡轮机、支撑装置、密封装置、冷却系统、润滑系统所组成。

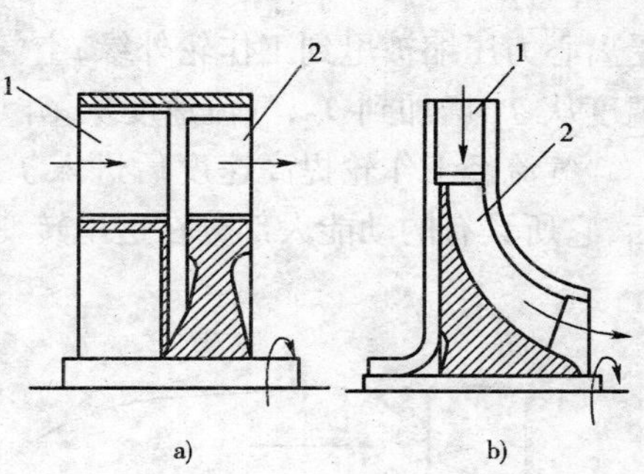

图7-4 废气涡轮的类型

a)轴流式；b)径流式

1-喷嘴环；2-工作轮

一、离心式压气机的工作原理及特性

（一）压气机的组成和工作过程

离心式压气机如图7-6所示，主要由进气道、工作轮、扩压器和出气蜗壳等组成。

空气沿着转轴方向流入，沿着径向流出，由于气体流动过程要转变方向，因此其效率比轴流式压气机低，但气体出口压力比较高，而且结构简单，制造成本低，工作范围也较宽广，所以在大多数废气涡轮增压柴油机中都采用这种形式的压气机。

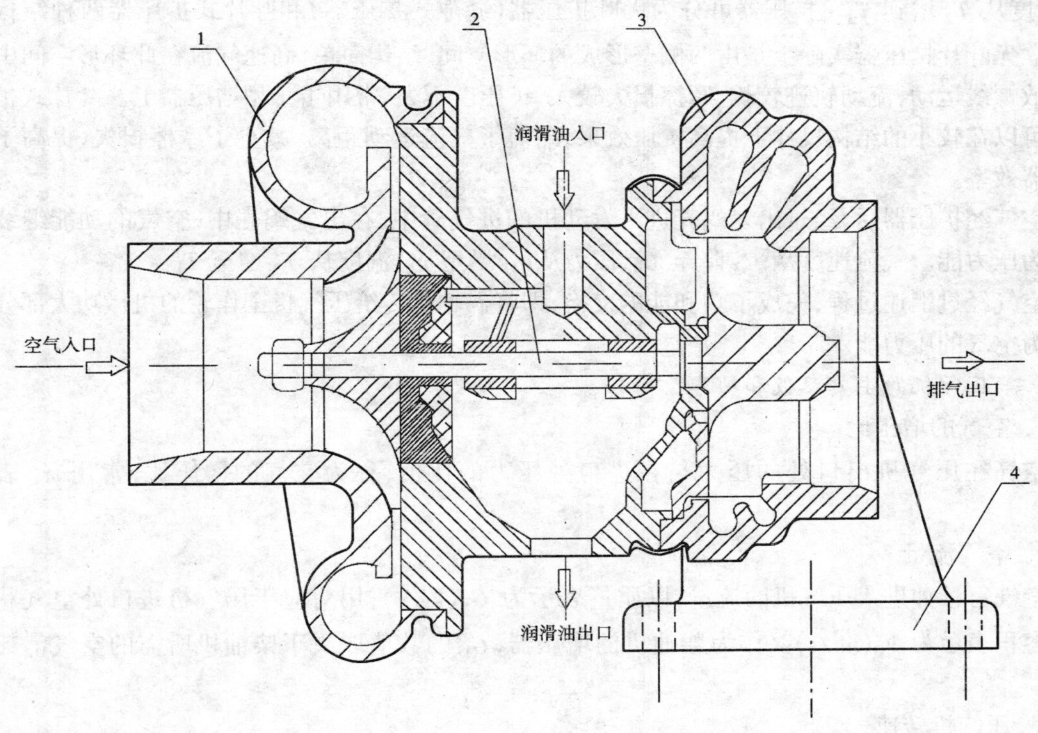

图7-5 径流式涡轮增压器结构图

1-离心式压气机；2-涡轮轴；3-径流式涡轮机；4-支撑装置

图7-7为空气沿压气机通道流动时气体参数变化的情况。

空气沿收缩的进气道进入工作轮，气流的速度 C（动能）略有增加、而压力 p（压能）和温度 T（内能）则稍有下降。在工作轮入口处，气流的绝对速度为 C_1，压力为 p_1，温度为 T_1。

气流从工作轮中央流入由叶片所构成的通道，由于工作轮中空气随工作轮一起旋转，因此受离心力压缩被甩到工作轮外缘，空气从旋转的工作轮获得了能量，使压力从 p_1 增加到 p_2，温度从 T_1 增加到 T_2，气流速度从 C_1 增加到 C_2。

气流经工作轮提高速度后进入扩压器，扩压器为截面逐渐增大的流道，气流进入扩压器后，它所具有的动能大部分在这里转变为压力能，气流速度从 C_2 降到 C_3，而压力从 p_2 增到

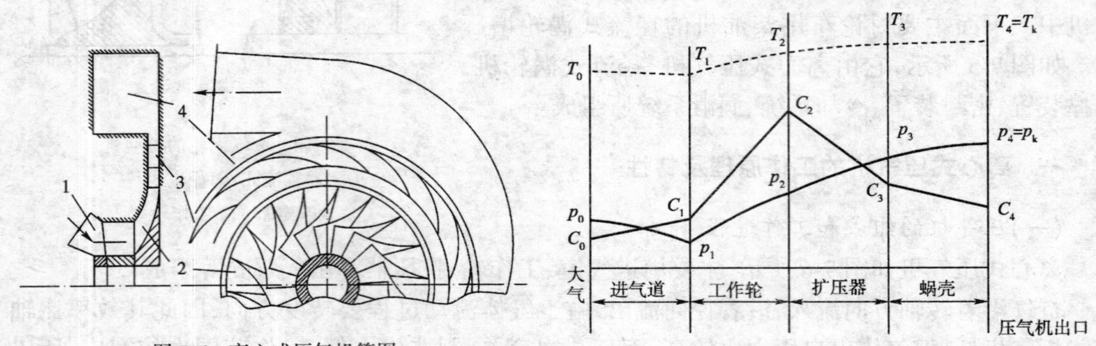

图 7-6 离心式压气机简图

1-进气道；2-工作轮；3-扩压器；4-出气蜗壳

图 7-7 空气沿压气机通道流动时气体参数的变化

p_3，温度从 T_2 增到 T_3。扩压器可分为无叶扩压器（缝隙式扩压器）和叶片式扩压器两种结构形式。无叶片扩压器实际上是由两侧壁形成的环形空间，结构简单，高速气流在此环形空间中沿对数螺线运动，流动轨迹较长，摩擦损失较大，扩压度不大，常用于小型增压器上。叶片式扩压器可以在较小的结构尺寸下提高扩压效果，缩短了气流运动距离，减少了摩擦损失，提高了扩压器效率。

空气经扩压器后，经过出气蜗壳进入发动机的进气管中，在出气蜗壳中，空气的动能继续转变为压力能。气流速度从 C_3 降至 C_4，压力从 p_3 增至 p_k，温度从 T_3 增至 T_k。

空气经过上述过程，完成了功和能的交换，即将涡轮机传给压气机工作轮的机械功大部分转变为空气的压力能。

（二）压气机的主要参数和功率

1. 空气的增压比

空气在压气机出口处的压力与在进口处压力的比值，称为空气的增压比，常用 π_k 表示。

2. 空气流量

空气每秒钟进入压气机的流量，以质量表示为 G_k(kg/s)；用对应于压气机进口处空气状态的容积表示为 V_0(m^3/s)。作为柴油机的增压器，G_k 的数值取决于柴油机所需的空气消耗量。

3. 压气机转速

由于压气机工作轮装在涡轮轴上，所以压气机的转速就是涡轮机的转速。压气机转速很高，每分钟可达几万转到十几万转。

4. 压气机的绝热效率

压气机的绝热效率定义为 1kg 空气的绝热压缩功和实际压缩功之比。

$$\eta_k = \frac{H_{ad.k}}{H_k} \tag{7-3}$$

它的物理意义是消耗在转动压气机的机械功中有多少转变为有用的压缩功，是表明压气机流通部分设计完善程度的指标。

图 7-8 表示空气在压气机中的压缩过程。

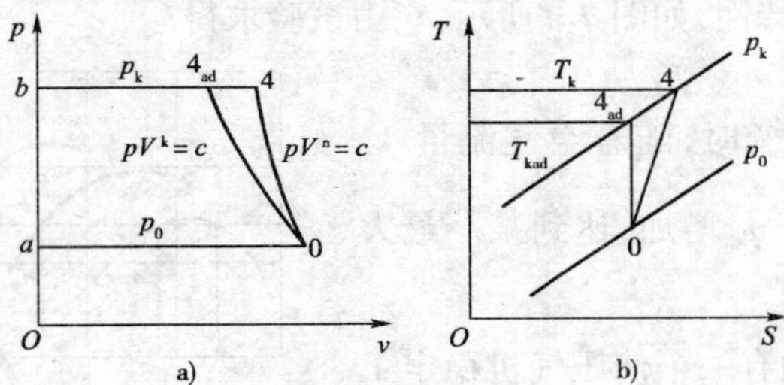

图 7-8　压气机中的压缩过程

a) p—V；b) T—S 图

按理想情况，将 1kg 空气从进口状态的压力 p_0 压缩到出口状态的压力 p_k，耗功最小的是可逆绝热过程，如图中曲线 0-4_{ad}所示。根据绝热方程式：

$$T_{k.ad} = T_0\left(\frac{p_k}{p_0}\right)^{\frac{(k-1)}{k}} \tag{7-4}$$

从而可得 1kg 空气的绝热压缩功为：

$$H_{ad.k} = c_p(T_{k.ad} - T_0) = \frac{k}{k-1}RT_0\left[\left(\frac{p_k}{p_0}\right)^{\frac{(k-1)}{k}} - 1\right] \tag{7-5}$$

式中：$H_{ad.k}$——绝热压缩功，J/kg。

此压缩功在 p—V 图上相当于面积 $a04_{ad}ba$。而实际压缩过程是不可逆的多变过程，伴随有摩擦和流动损失，如图中曲线 0-4 所示，所以将 1kg 空气从 p_0 压缩到 p_k 消耗的实际压缩功为：

$$H_k = c_p(T_k - T_0) = \frac{k}{k-1}R(T_k - T_0) \tag{7-6}$$

式中：H_k——实际压缩功，J/kg。

此压缩功在 p—V 图上相当于面积 $a04_{ad}$。

压气机的绝热效率为：

$$\eta_k = \frac{H_{ad.k}}{H_k} = \frac{T_{k.ad} - T_0}{T_k - T_0} \tag{7-7}$$

在涡轮机上应用的离心式压气机，其绝热效率 $\eta_k = 0.75 \sim 0.83$。

5. 压气机功率 N_k

如果已知 1kg 空气绝热压缩功为 $H_{ad.k}$(J/kg)，空气的质量流量为 G_k(kg/s)，压气机的绝热效率为 η_k，则驱动压气机所需的功率为：

$$N_k = \frac{G_k H_{ad.k}}{1000\eta_k} = \frac{G_k H_k}{1000} \tag{7-8}$$

式中：N_k——驱动压气机的功率，kW。

(三)压气机的特性

与发动机的特性一样，压气机的特性也是表明当压气机在工作状况变化时，它的主要参数之间的变化关系。由于压气机在实际运行中工况经常变化，为了解压气机在全部工作范围内气流参数之间的关系，分析在各种工况下压气机运行的完善程度，以及为了获得增压器与柴油机之间在全部工作范围内有良好的配合关系，研究压气机特性曲线具有很重要的意义。

当压气机的转速不变时，压气机的增压比 π_k 和绝热效率 η_k 随空气流量 G_k(或 V_0)的变化关系，称为压气机的流量特性，如图 7-9 所示，它由试验求得。

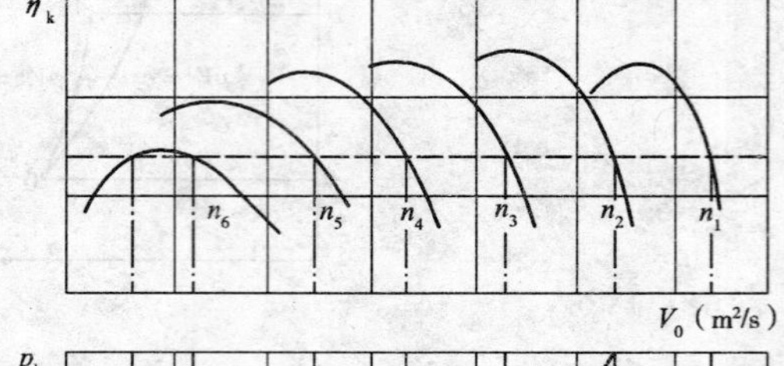

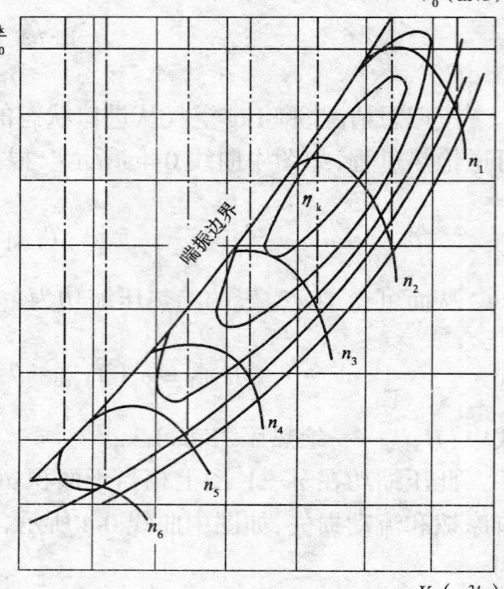

图 7-9　压气机的流量特性

从曲线可看出：

(1)当压气机转速不变时，随着空气流量 V_0 的减小，增压比$\frac{p_k}{p_0}$及效率 η_k 增加，达到某一最大值以后便下降。

(2)对于每一转速，均有一个使压气机稳定工作的最小流量，由此构成喘振边界线。当流量减小到低于此最小流量值时，压气机便发生喘振，即压气机工作开始变得不稳定，流过压气机的气流开始强烈地脉动起来，使压气机产生强烈的振动，严重时还可能导致压气机的破坏。所以，喘振线就是压气机稳定工作的边界线，压气机的工况不允许落在喘振线上或落在喘振线的左边。

应用图 7-10 可定性分析压气机的流量特性。

如果压气机中没有任何损失($\eta_k=1$)，加在压气机工作轮上的外功都用来压缩空气，则增压比 π_k 不受空气流量的影响，如图所示 π_k 为一水平线，但是，实际上当空气流经压气机工作轮时，存在着摩擦损失和撞击损失。

摩擦损失是由于空气和工作轮表面摩擦所产生的损失，这一损失随着空气流量的增加而加大(图中以斜线面积表示)。克服这些损失所消耗的功愈多，则用于压缩空气的功就愈少，π_k 就愈低，如图 7-10 上曲线 2 所示。

撞击损失是由于实际流量偏离设计工况时，气流速度方向与设计考虑的叶片方向有偏差时产生的，偏离设计点越大损失也越大。压气机工作轮叶片和扩压器叶片的构造角都是按一定的压气机转速(一定的工作轮圆周速度)及空气流量(相应的气流绝对速度)来设计的，称为设计工况。图 7-11 表示在某一定转速(u 为定值)下和不同空气流量时，工作轮进口处的空气流动情况。当压气机在设计工况运行时(图 7-11a)，气流进入工作轮的方向与叶片的前缘角度几乎一致，不会发生撞击。而在非设计工况运行时，工作轮进、出口速度三角形发生了变化。图 7-11b)、c)所示为由于流量的变化(C_1 的变化)引起的工作轮进口速度三角形的变化。由图可见，不论流量增大(图 7-11b)，还是减少(图 7-11c)，这时气流方向与叶片前缘

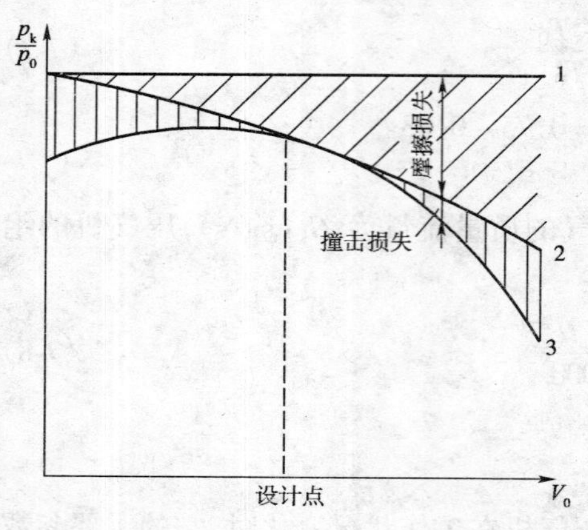

图 7-10　压气机特性的说明

角不一致，导致气流与叶片的撞击，并在流道内产气漩涡，导致撞击损失的产生。图 7-12 表示在同样条件下，叶片扩压器中的空气流动情况。由图可知，在压气机偏离设计流量时，同样也会在叶片扩压器中引起气流和叶片的撞击，形成漩涡，导致撞击损失的产生。

当空气流量过小时，如图 7-11c）和图 7-12c）所示，气流将在工作轮叶片的凸面和扩压器叶片的凹面发生气流分离并产生漩涡，而且气流惯性促使气流分离区迅速扩大，使气流发生强烈脉动，引起叶片和机组的振动，并在压气机的流道中伴有刺耳的啸声，即产生喘振，从而破坏了压气机的正常工作。偏离设计工况愈远，撞击损失就愈大，其变化如图 7-10 中直线面积所示。由于摩擦损失和撞击损失的存在，因此流量特性中的 π_k 的曲线最后变成图 7-10 中的第 3 条曲线的形状。

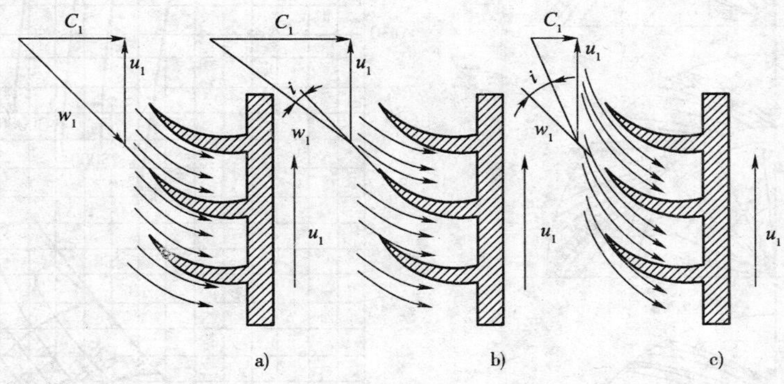

图 7-11　在一定转速和不同流量下工作轮叶片前缘处的流动情况

a）设计工况；b）大于设计流量；c）小于设计流量

在结构尺寸一定的离心式压气机中，当压气机转速一定时，压气机的有效功 H_k 与流量 G_k（或 V_0）无关。由式（7-5）可知绝热压缩功正比于 π_k，因此 $H_{ad.k}$随流量的变化关系大致和 π_k 随流量的变化关系相同。根据 $\eta_k = \dfrac{H_{ad.k}}{H_k}$知，绝热效率曲线大致具有如同增压比 π_k 曲线随流量变化的形状，如图 7-9 上图所示。但 η_k 曲线一般不单独绘出，而是以等效率曲线的形式直接画在增压比 π_k 的特性曲线上，如图 7-9 下图所示。

用上述 π_k、n_k、G_k（或 V_0）等参数绘出的压气机特性曲线，都是在试验时的外界大气状况下测得的，与试验时压气机的进口大气状态参数 p_0、T_0 的大小有关。但压气机往往要在不同于试验条件的情况下工作，为了使压气机特性具有通用性，常常引进相对折合参数的概念，就是把试验测得的上述参数根据气流动力相似理论换算成标准大气状况（$p_0 = 760\text{mmHg}$，$T_0 = 20℃$）下的参数值。换算后的流量和转速分别称为折合流量 G_{mp}和折合转速 n_{np}。

$$G_{np} = C_k \frac{760}{p_0}\sqrt{\frac{T_0}{293}}$$

$$n_{np} = \frac{n_k}{\sqrt{\dfrac{T_0}{293}}}$$

图 7-13 就是应用折合流量和折合转速作为相似参数绘出的 12GJ 废气涡轮增压器压气机的特性曲线，由此做出的特性曲线称为通用特性曲线。

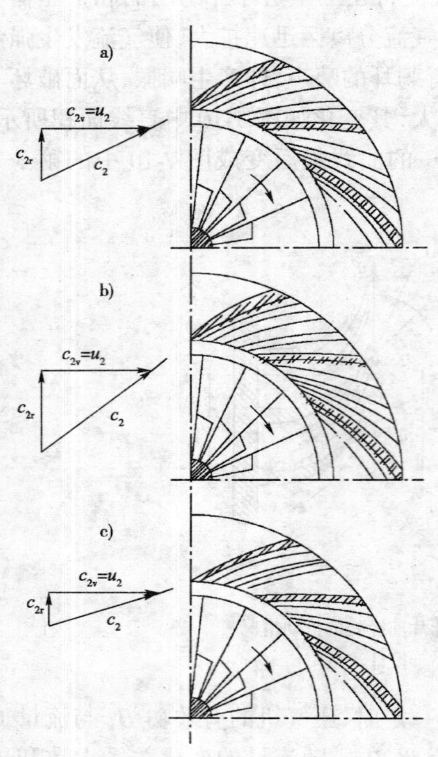

图 7-12 在转速不变和不同空气流量下叶片扩压器中的空气流动

a)设计工况；b)大于设计流量；c)小于设计流量

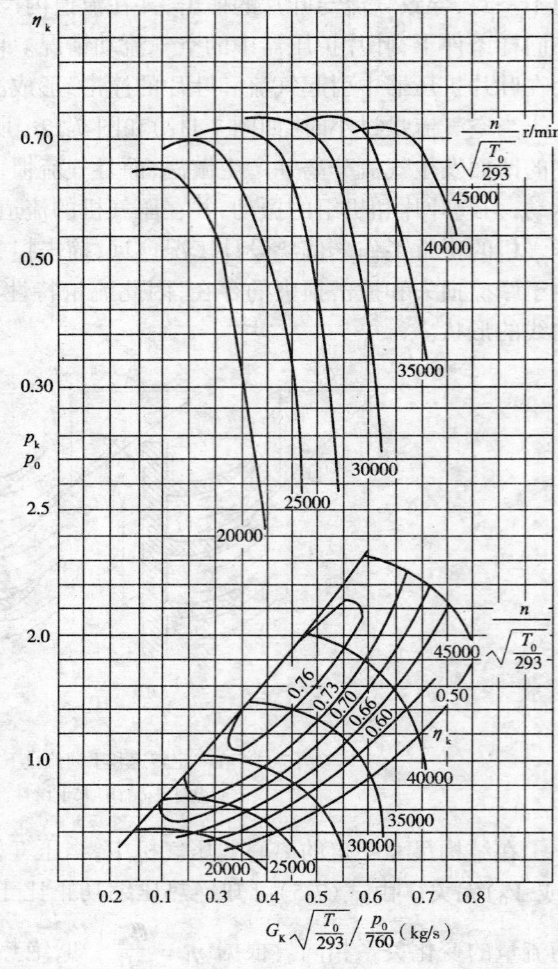

图 7-13 12GJ 废气增压器压气机的特性曲线

二、径流式涡轮机的工作原理及特性

(一)涡轮机的组成和工作过程

涡轮机是利用柴油机排出的废气能量转换为机械功的一种动力机械，用以带动压气机工作。径流式涡轮机主要由进气蜗壳、喷嘴环、工作轮、出气道和涡轮轴等部分组成，如图 7-14b)所示。

进气蜗壳是引导柴油机排出的废气进入涡轮的部件，它按照喷嘴环进口形状将废气均匀地导入喷嘴环。因此蜗壳上可以有一个、两个甚至更多的进气口。

柴油机排气管中的废气具有压力 p_T、温度 T_T，并以速度 C_T 经进气蜗壳流入喷嘴环。喷嘴环的导向叶片均匀地分布在喷嘴环上，叶片间的通道是渐缩的，叶片在喷嘴环的出口处有一定的出口角，使废气在流过喷嘴环后，朝着一定的方向均匀、高速地冲击工作轮叶片。由于废气在喷嘴通道中膨胀，使部分压力能转变为气体的动能，流经喷嘴环后废气的压力降低到 p_1，温度降低到 T_1，流动速度增加到 C_1，如图 7-14 所示。

工作轮把从喷嘴环出口引出的高速废气的动能和压力能转变为机械功。由于气流在工作轮中是向心流动的，所以在工作轮叶片之间的通道也是呈渐缩的形状。废气在通道中继续膨

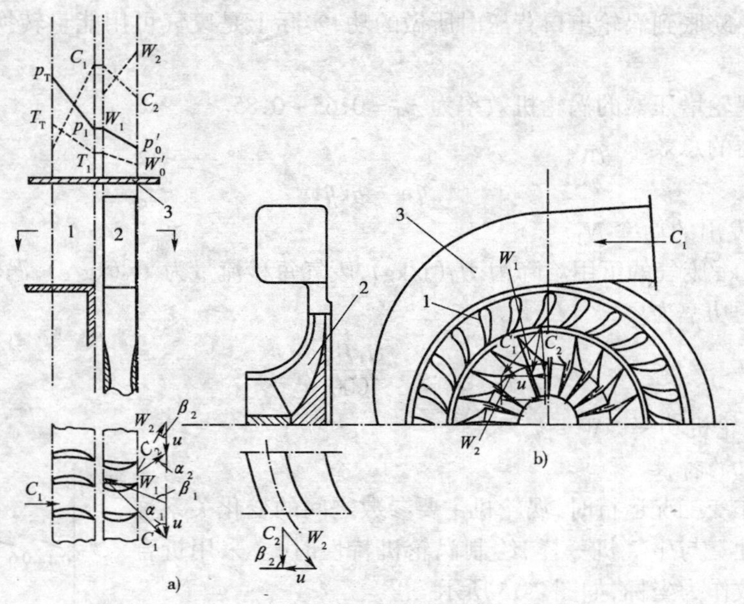

图 7-14　轴流式涡轮机和径流式涡轮机

a)轴流式；b)径流式

1-喷嘴环；2-工作轮叶片；3-壳体

胀，在工作轮出口处压力下降到 p_2，温度降低到 T_2，绝对速度下降到 C_2。流经工作轮后气体的绝对速度 C_2 远小于 C_1，说明燃气在喷嘴中膨胀所获得的动能已部分传给了工作轮。

废气离开工作轮进入出气道时还具有一定的速度 C_2，即还有一部分动能未能在涡轮机中得到利用，这部分能量称为余速损失。

用涡轮轴将涡轮工作轮和压气机工作轮连接在一起，从而带动压气机工作。

(二)涡轮机的主要参数

1. 涡轮机的膨胀比 π_T

膨胀比 π_T 是废气在涡轮前后的压力之比，即 $\pi_T = \frac{p_T}{p_0}$。

在气流速度比较大的离心式压气机和废气涡轮中，气流速度的改变会引起状态参数 p、T 等的变化，这时动能的影响是必须考虑的，因此需要采用滞止参数来度量。滞止参数就是在与外界没有热、功交换的情况下，气流速度被滞止到零时的气体参数，用 p'、T' 等表示。这样，涡轮机前的废气滞止压力和滞止温度可表示为 p'_T 与 T'_T，涡轮机的膨胀比 $\pi_T = \frac{p'_T}{p_0}$。

2. 每秒废气流量 G_T(kg/s)

3. 转速 n_T

4. 涡轮机的有效效率 η_T

将废气能量转换为涡轮机轴上机械功的有效程度定义为涡轮机的有效效率，即：

$$\eta_T = \frac{W_T}{H_T} \tag{7-9}$$

式中：W_T——涡轮机轴上的有用功，J/kg；

H_T——1kg 废气所具有的能量，以可用焓降表示，J/kg。

可用焓降 H_T 可理解为 1kg 废气在涡轮机入口处所具有的压力势能与动能的总和。当它在涡轮机中绝热膨胀到涡轮出口背压时所做的功，实际上是废气可用能量转换为机械功的最高限额。

现代废气涡轮增压器的涡轮机效率为 $\eta_T = 0.65 \sim 0.85$。

涡轮增压器的总效率 η_{Tk}

$$\eta_{Tk} = \eta_k \eta_T \tag{7-10}$$

5. 涡轮机发出的功率 N_T

如果已知 1kg 废气的可用焓降为 H_T(J/kg)，废气每秒流量为 G_T(kg/s)，涡轮机效率为 η_T，则涡轮机发出的功率为

$$N_T = \frac{G_T H_T}{1000} \eta_T$$

式中：N_T——涡轮机功率，kW。

(三)涡轮机的特性

在涡轮机作变工况运行时，涡轮机主要参数之间的变化关系称为涡轮机的特性。与压气机一样，绘制涡轮机特性时，亦采用折合参数或相似参数作为坐标，如图 7-15 所示。

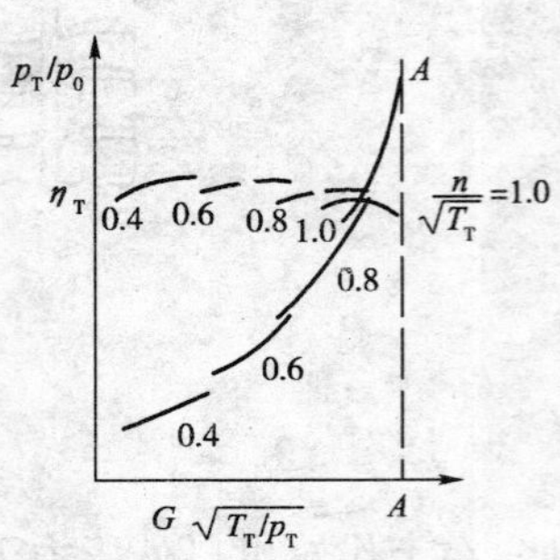

图 7-15 涡轮机的特性

由特性可知，在某一转速下废气在涡轮机中流动时，随着膨胀比增大，流量增加。当膨胀比增加到某一临界情况值时，流量即达到最大值，此后膨胀比继续增大流量也不再增加，这就是所谓涡轮机的阻塞现象。涡轮机的阻塞现象限制了涡轮机与压气机匹配中的使用，不过一般说来，涡轮机流量特性虽然受阻塞现象的限制，但涡轮机的工作范围常比压气机大得多。一种涡轮机可以和多种不同的压气机配套使用。

涡轮机的效率随流量的变化曲线与离心式压气机的情况相类似，是涡轮机在变工况运行时存在着燃气在喷嘴和工作轮叶片间的流动损失、偏离设计工况时引起的气流与工作轮叶片进口处的撞击损失，以及工作轮出口速度引起的余速损失综合影响的结果，如图 7-16 所示。与图 7-15 比较，图 7-16 中把横坐标改为$\frac{u}{C_1}$(u 为工作轮圆周速度，C_1 是气流从喷嘴流出的速度)。因为在涡轮转速 n_T 不变的条件下，$\frac{u}{C_1}$越大，表示通过涡轮的流量越小。图中 $\eta_{ad.T}$为涡轮机的绝热效率，它仅考虑了废气在喷嘴环和工作轮中的流动损失，以及偏离设计工况时引起的气流与工作轮叶片进口处的撞击损失，可用来评价涡轮机流通部分设计的完善程度。而有效效率 η_T 还考虑了余速损失等，因为实际上废气流出涡轮时的速度 C_2 很大，还具有动能没有被利用，这部分的损失称为余速损失。涡轮机在设计工况下运行时，其效率最高，在大于或小于设计工况下运行时效率都将降低。

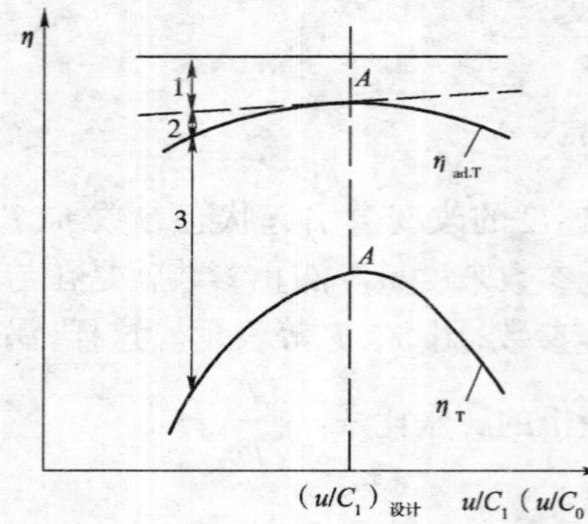

图 7-16 涡轮机绝热效率 $\eta_{ad.T}$和有效效率 η_T 随 u/C_0(或 u/C_1)变化的特性曲线
1-流动损失；2-撞击损失；3-余速损失

三、四冲程增压发动机的理论循环及排气可用能

发动机理论循环的所有假设均有效，并认为：涡轮机效率 $\eta_T = 1$、压气机效率 $\eta_k = 1$，涡轮

增压器的机械效率 $\eta_{Tkm}=1$，排气在恒定压力 p_T 的情况下流入涡轮。考虑到增压发动机具有较大的扫气量，即扫气系数大于 1。四冲程恒压增压发动机的理论循环如图 7-17 所示。

2—0 为增压器进气过程，0—a 为增压器中充量的压缩过程，a 点压力为增压压力 p_k，a—3 为增压器的等压排气。3—a 为发动机在 p_k 下等压吸气过程，a—c 为缸内压缩过程，c—z'—z 为燃烧过程，z—b 为膨胀过程，排气管为恒定压力 p_T，b—5 为排气门刚打开时的等容排气，5—4 为等压排气。4—e 为涡轮在恒压（p_T）下的进气，e—f 为涡轮中膨胀，f—2 为涡轮的等压排气。

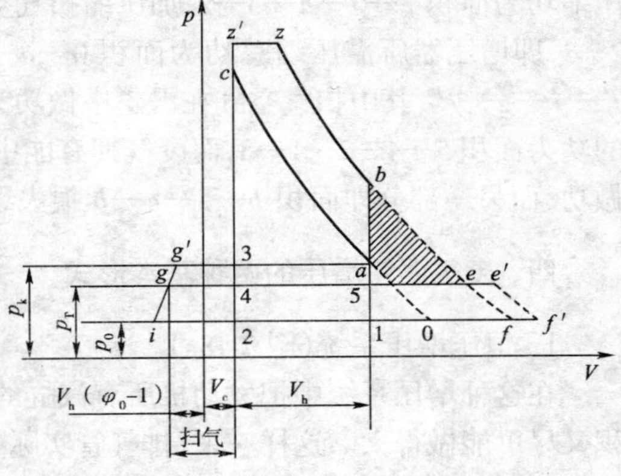

图 7-17　恒压涡轮增压四冲程柴油机的理论示功图

发动机排气中的可用能由三部分组成：

1. 排气拥有能

指在理论情况下，发动机排气刚从排气门流出立即流入涡轮机叶片，中间无任何管道，因此也无任何损失，并在涡轮机中实现等熵膨胀到大气状态所能做出的功。在图 7-17 上则表示将膨胀曲线从 b 点继续延长交 p_T 线于 e，然后在涡轮机中继续等熵膨胀，膨胀到 p_0 线的 f，这时所做出的功即是排气的拥有能，可用 b—f—1—b 面积表示。

2. 排气时活塞的推出功

活塞推出功是活塞传给排气的能量，可用面积 5—1—2—4—5 表示。

3. 扫气空气带入的能量

由于一般增压发动机具有较大的气门重叠角，有较多的扫气空气，$\varphi_0>1$，扫气量在理论循环下为 $(\varphi_0-1)V_h$，即 4—g，它在涡轮中膨胀，即 g—i，得到膨胀功，即是扫气空气带入的能量，可用面积 4—g—i—2—4 表示。

排气可用能是三者之和，即面积 b—f—1—b 加面积 5—1—2—4—5 加面积 4—g—i—2—4。其中后两种能量在理论循环中完全可在涡轮中利用，但由于发动机排气门和涡轮之间有必不可少的排气管系，因此涡轮膨胀不是从 b 点开始，使得排气拥有能并不能在涡轮中全部利用。

以恒压增压为例，排气管压力始终保持 p_T 值不变，发动机排气门打开后上游压力为 p_b，下游压力为 p_T，由于 p_b 远高于 p_T，使排气初期处于超临界流动状态。这时，流出气门的高速气流进入排气管，产生强烈的节流作用，具体表现在由于管子较粗，流速大大降低，大量的动能通过气体分子相互撞击、摩擦和形成涡流而损失。此外，还包括流入排气管时所产生的不可逆膨胀损失。随着汽缸压力的降低，上游和下游的压差逐渐降低，下降到一定值时，排气处于亚临界流动状态，此时节流损失主要表现为动能损失，亦即流出排气门的摩擦损失，其数值不大，由于实际上存在的排气过程，涡轮中不能实现完全理论膨胀，即膨胀不是从 b 开始而是从 e 点开始。这样由于恒压排气使排气拥有能损失了一部分，这部分可用面积 b—5—e—b 来表示。但这一部分损失最终转化为热量加热废气，使废气的温度增加 ΔT，因此实际涡轮膨胀始点从 e 移到 e' 点，涡轮内的绝热膨胀为 e'—f'，得到部分回收，以面积 e—e'—f'—f—e 来表示。

从排气损失分析中得出，超临界的节流损失是所有损失的最主要部分，亚临界流动的动能损失其数值不大。此外当然还包括气体在气道中的摩擦损失和通过壁面的散热损失，但它们在数量上更是属于次要方面。

从理论循环的 $p—V$ 图得出：发动机的指示功为面积 $a—c—z'—z—b—a$，增压器所需的压缩功为面积 $2—0—a—3—2$，加压缩扫气空气 $V_h(\varphi_0-1)$ 所需的压缩功为面积 $i—g'—3—2—i$，即增压器所需压缩总功为面积 $0—a—g'—i—0$。排气在涡轮中做出的功为面积 $e'—f'—i—g—e'$，其中扫气空气在涡轮中做功为面积 $g—i—2—4—g$，活塞推出功在涡轮中回收的功为面积 $5—4—2—1—5$，而废气拥有能中只有一部分即面积 $e—f—1—5—e$ 在涡轮中利用做功，而另一部分即面积 $b—5—e—b$ 损失了，只回收很小的一部分面积 $e—e'—f'—f—e$。

四、废气涡轮增压的两种基本形式

1. 恒压增压系统(图 7-18a)

在这种增压系统中把发动机所有汽缸的排气管都连接于一根排气总管，而排气总管的容积又尽可能做得大。这样一来，排气管实际上就起了集气箱作用。这时虽然各汽缸的排气时间是岔开的，但由于集气箱的稳压作用，因而在排气总管内的压力振荡是较小的。这样，恒压增压系统可以认为涡轮前排气管内压力基本上是恒定的，即工质在恒定压力状态下进入涡轮。

2. 变压增压(脉冲增压)系统(图 7-18b)

这种方案的特点是使排气管中的压力造成尽可能大的压力波动，为此，把涡轮增压器尽量靠近汽缸；把排气管做得短而细，总之，将排气管的容积尽量减小。同时为了在一根排气管中形成几个互不干扰的排气脉冲波(或称排气压力波)进入废气涡轮机，因此要根据汽缸数按发动机的发火顺序组成几根排气管，每根排气管各自连接几个汽缸(通常为 2 缸或 3 缸)。为此也必须把涡轮的喷嘴环(即涡轮进口)，根据排气管的数目分组隔开，使它们互不干扰。图 7-18b)和图 7-19 分别表示发火顺序为 1—5—3—6—2—4 的六缸四冲程增压柴油机排气管分组情况以及一根排气管中三个排气脉冲波的图形。

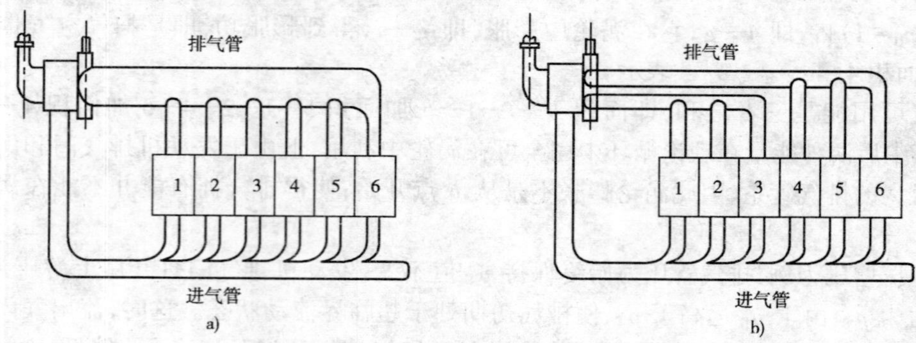

图 7-18 涡轮增压系统的两种基本形式

a)恒压增压系统；b)变压增压系统

脉冲增压与恒压增压比较，有如下特点：

(1)在废气能的利用上，要比恒压增压好，在低增压时是很有利的，但随增压压力的增高，其优点逐渐消失。

(2)背压相对较低，扫气作用明显，即使在部分负荷下，也能保证良好扫气。

(3)在汽缸刚开始排气时节流损失大，但由于排气管压力迅速升高并接近缸内废气压力，总的节流损失大大下降。

(4)排气管容积小，负荷变化时，排气压力波立即发生变化并迅速传到涡轮引起增压器转速的较快变动，即动态响应(加速性能)较好。

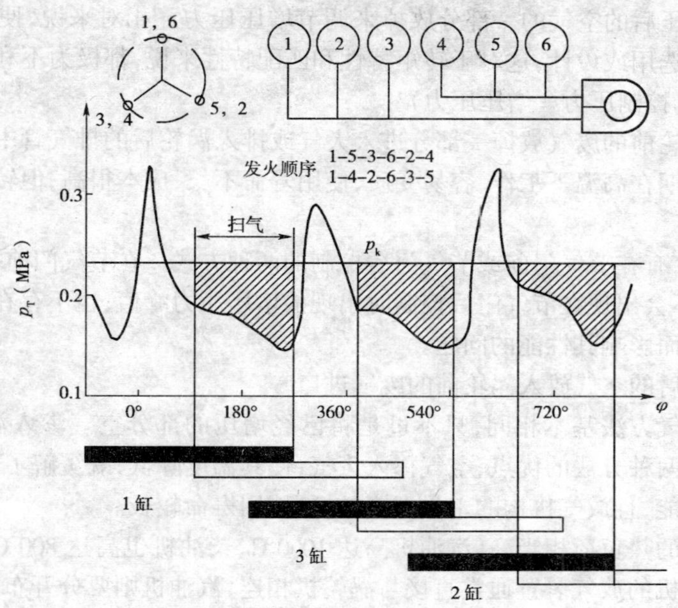

图7-19　排气管内的压力波动

(5)平均绝热效率比恒压增压低，其涡轮尺寸大、排气管结构复杂。

综合两种增压系统可知：在低增压时，采用脉冲增压较为有利；在高增压时，一般采用恒压系统。但由于车用发动机大部分是在部分负荷下工作，对其转矩特性、加速性的要求较高，为了在低速时也能获得良好的转矩特性，即使在高增压时也仍然采用脉冲增压。

五、废气涡轮增压的特点

1. 与发动机的匹配

要使增压机获得良好的性能，涡轮增压机和发动机必须很好地匹配。对配合性能的要求主要有：

(1)在标定工况下，必须达到预期的增压压力和空气流量，以保证有足够的过量空气系数，以便燃烧完善。同时，要求涡轮前的排气温度不能超过预定值，以保证热负荷不致过高；增压后的压力也不能高，以免最高爆发压力超过允许值，使机械负荷加大。

(2)低负荷工况时，也应保证一定的空气量，以满足燃烧及降低热负荷的要求。这对于高增压机特别重要，尤其是诸如拖船及车用机等特殊用机，低负荷低转速性能往往非常突出。

(3)要求在整个运转范围内增压器不发生喘振和阻塞。涡轮机允许的运转范围较广，高效率运转区也较大，而压气机的能运行的流量范围较窄，主要考虑二者的匹配。这就要求压气机的喘振极限所覆盖的流量范围要广，且在整个范围内压气机的效率要比较高。

2. 转速与增压压力的调节

由于增压比与增压器转速的平方成正比，因此二者的调节是一致的。常用的方法是使涡轮喷嘴的面积加大，废气的能量降低，转速下降，增压压力也随之下降。而对于已经配套运行的增压机组来说，出于低速转矩特性（轿车用柴油机）和抗爆震的需要（轿车用汽油机），要求对增压压力极限进行调节，所采取的方法是放气调节。

1)空气侧放气（调节增压压力）

这是通过将增压后的空气的一部分放掉来调节增压压力。相对来说，便于调节。但涡轮机必须按最大值来选用或设计，这对于转矩特性和匹配特性来说，都极为不利，因而很少选用。

2)废气侧放气(控制压力 = 增压压力)

这是将进入涡轮前的废气放掉一部分进入大气或排入涡轮后的排气管中来调节涡轮机的功率。放气机构长期在高温下工作，容易变质，使用寿命不长，成本很高，但转矩特性和匹配特性都比较合适。

对汽油机而言，有在节气门前或节气门后控制的两种方式。在节气门前控制的好处是：节气门开度很小时，不会出现在节气门后控制时出现的增压压力峰值；也不存在随运行时间的增加增压器受到污染而影响其性能的问题。

3)将部分增压后的空气放入涡轮前的废气进口

这和第一种放气方法基本相同，只不过是将已经增压的部分空气渗入涡轮前的废气中。这种方法综合了前两种方法的优点，空气掺入废气，使其温度降低，既缓解了热负荷，又利用了这部分空气的压力能，且放气机构的工作温度较低，使用寿命较长。

由于放气装置的热负荷相当高(汽油机高达 1000℃，柴油机也高达 800℃)，对材料的耐热性要求很高。柴油机的放气装置通常直接与涡轮机相连，汽油机则要分开布置。

3. 涡轮进气温度的调节

涡轮进气温度的高低，不仅影响涡轮运行的可靠性，也是表征发动机热负荷大小的重要参数。凡是使发动机排气温度升高的因素都可能使涡轮进气的温度升高；反过来，发动机的进气温度升高也要使其排气温度升高。

使燃烧恶化、补燃增加的各种因素，都能使排气温度升高，在这种情况下，应保证燃烧系统的正常工作；另外，适当增大气门重叠角，可提高扫气能力，增加汽缸充气量，降低排气温度，不过要考虑低负荷时排气倒流的可能，对于脉冲系统，由于是利用排气压力波的低压阶段来扫气，在部分负荷时仍能实现扫气，该系统的气门重叠角可增大到 110°～140°曲轴转角。

尤其是在增压机中，排气温度高，主要是由于进气温度高的原因，设置中间冷却器是降低进气温度的主要措施；对于无中冷器的情况下，提高压气机效率也是降低排气温度的重要方法。

第三节　车用发动机增压的问题

一、车用发动机增压的一般问题

使用工况及对增压器的要求如下：

1. 使用工况

车用机的使用工况与固定式不同。固定式发动机的增压匹配点选在额定工况，即在额定转速下提高平均有效压力。选择增压器时，只要求压气机在该点提供足够质量流量的空气，工作点放在喘振线右边一定距离的高效率区。而车用机增压不在于高转速时有尽量大的动力输出，而在于低转速时产生更大的转矩或提供更大的牵引力，以利于大负荷下迅速起步，并提高爬坡能力。

发动机的动力性指标有两个，一个是速度系数，为最高转速与最大转矩时的转速之比，一个是转矩储备系数，为最大转矩与最高转速下的转矩之比。二者的乘积为适应性系数。一般适应性系数为1.5~3.0。车用发动机的适应性系数为1.83左右，即：车用机的匹配点应在60%的额定转速处，此时发动机的扭矩和平均有效压力最大，增压器的效率最高。

2. 对车用增压器的要求

与车用发动机相匹配的涡轮增压器应满足以下要求。

1)尽量小的转动惯量

车用机变工况多，起动性、加速性必须良好，因而增压器转子的转动惯量必须很小，即转子尺寸和质量必须尽可能小。

2)最佳的涡轮速比

要尽可能地降低转动惯量，汽车发动机室的空间很小，增压器的尺寸不允许很大，车用增压器的结构尺寸一般很小。涡轮机的效率与其速比(即涡轮叶轮外缘的圆周速度与喷嘴环的出口速度之比)有密切关系。速比最佳时，涡轮效率最高。变工况时，由于转速和进口废气状态均发生变化，速比也发生变化，使涡轮效率下降。为了确保最佳的速比，在叶轮尺寸小的情况下，只有提高涡轮机的转速。一般中等吨位车用机的增压器转速在每分钟十几万转，轿车的则可达25万转以上。

3)宽广的压气机高效率区

发动机的流量变动范围较宽，尤其是车用机，而压气机的效率和压比，随工况变化会明显下降，高效率区很窄。解决这一矛盾的最佳方案之一，就是采用后弯式叶轮，拓宽压气机的高效率区。

4)较强的变工况适应性

车用发动机工况变化时，流量发生变化，涡轮喷嘴环出口的气流速度也发生了变化，导致叶轮入口相对速度的方向和大小均发生变化，但入口的几何角不变。气流入口角偏离了设计工况而产生撞击损失，影响涡轮效率，进而影响压气机出口压力。这种现象在有叶喷嘴涡轮机上反映十分敏感，而无叶喷嘴却比较迟钝。故车用增压器多采用无叶喷嘴涡轮，它对变工况的适应性较强。

另外，为了满足车用发动机在低速下大转矩和排放指标的要求，还可采用变截面增压器。

二、车用发动机增压的特殊问题

(一)车用柴油机增压的特殊问题

1. 车用柴油机增压的热负荷

增压柴油机进气温度是压气机出口温度的函数，一般比非增压机高得多，即使是低增压度，也高出60~80℃。由于压缩初温的升高，造成各工作循环各特性点的温度相应提高；同时，循环供油量增加后，转变为有用功的热量增加，损失的热量也随之增加。这表现在机油温度、冷却水温及排气温度显著提高。

对于柴油机和涡轮增压器均存在热负荷过大的问题，有关的零部件会因热负荷过大而加速损坏；随着增压度的提高，热应力问题也会更加突出。因此，如何解决热负荷过大的问题是一个极其重要的问题。

从我国材料的实际情况来看，不可能大量采用高耐热的材料和高含镍的材料来制造涡轮和车用增压器。因此，我国在推广车用发动机增压技术时，在降低热负荷方面有更大的难度。

1)影响热负荷的主要因素

(1)在过量空气系数不变的情况下，热负荷随汽缸中工质量的增加而增加。汽缸中的工质包括充气量和循环供油量。随着发动机转速的升高,增压空气的密度相应增大,充气量增加,发动机负荷增大,循环供油量增大。也就是说,当过量空气系数不变时,汽缸中工质量的增加表明发动机转速和负荷的增加,其热负荷上升。

(2)增加冷却扫气量可降低充气量的温度,即减轻热负荷。为此,适当增大增压柴油机的进、排气门重叠角,增大进、排气管压差,增大进、排气门的时间及截面等,都有利于降低热负荷。

(3)降低压缩空气温度不仅可以增大进气密度,而且可以降低工作循环各特征点的温度,减小热负荷。

(4)排气初始温度对排气温度有直接影响。增大压缩比,改善燃烧是降低排气初始温度的重要措施。

2)降低热负荷的主要措施

(1)适当增大进排气门的重叠角。每增加重叠角 10°曲轴转角,可降低排气温度 5℃左右。但重叠角过大,会发生活塞与气门相碰现象,不得不在结构上采取措施,这影响系列机型的互换性。

(2)增大叠开期内进、排气管的压差。每增加压差 0.01MPa,每循环、每汽缸可增加扫气量 0.02g。增大压差的主要途径是合理设计进、排气歧管。

①合理设计进气管。适当加大进气管容积,增加进气压力平稳度,可以改善扫气过程,降低排放温度。

②合理设计排气管。合理设计排气管的形状和尺寸,可以有效降低增压系统的热负荷。

③增大进、排气门的时间及截面。增大时间及截面的主要措施是:合理设计凸轮,使其在可能承受气门机构惯性力的条件下,尽可能使气门快启快闭;在缸盖上位置允许的情况下,力所能及地扩大进、排气门的面积;增大气门端臂长和推杆臂长之比可有效地增加气门升程,这比改变凸轮外形线更为简便。

(3)增压中冷。压缩空气每降低 1℃,最高燃烧温度和排气温度可降低 2~3℃。因此,对增压空气进行中间冷却可以有效地降低排气温度,缓解热负荷。中冷可以使发动机进气密度进一步提高,在不增加热负荷的情况下可提高功率 12%~15%,是车用柴油机扩大功率覆盖面的有力措施。另外,增压中冷还有利于降低排放中氮的氧化物的含量。

增压中冷方式有:用冷却水冷却空气,用外水源冷却空气;用大气冷却压缩空气;涡轮风扇冷却空气。不同的冷却方式的冷却效果不同,发动机省油的情况也不相同。油耗小的柴油机,其排气温度也低。

(4)强化冷却系统。为了降低热负荷,在冷却系统方面也要进一步强化调整。强化措施有以下两个方面:

①改善机油冷却条件。适当增大机油泵容量,增大机油冷却器散热面积,改善曲轴箱通风条件。

②改善冷却系工作条件。适当调整水泵容量,提高水泵转速,增大散热水箱的散热面积,增大风扇直径,必要时适当提高冷却系统零件的机械强度和热强度。

(5)改善供油系统和燃烧系统。柴油机增压后,循环供油量增大,若供油及燃烧系统不作调整,热负荷必然增加。适当调整燃油系统,合理组织燃烧过程,对降低热负荷十分关键。在循环供油量增加后,如何在不变的时间内喷油、雾化、混合,使燃烧保持在最佳状态,是增压匹配的重要内容,也是改善热负荷的有力措施。

可以通过缩短供油时间、增加燃烧室中油气的混合、合理调整供油提前角等措施来实现。

①缩短供油时间。适当加粗油泵直径,增加喷孔数及喷孔直径,可缩短供油时间,防止后燃。

②增加燃烧室中油气混合。由于增压后缸内的油和气增多,但混合时间不变,要按时燃烧完循环供油量,必须强化油气混合。

可通过适当缩小涡流燃烧室的镶块的喷孔面积、适当提高喷油压力、采用适当的喷嘴安装深度来实现。

(6)合理调整供油提前角。供油提前角对排气温度十分敏感。减少供油提前角对降低爆发压力有利,但供油过晚产生后燃,使排温升高。增压机由于工质和燃烧室周壁温度较高,滞燃期较短,供油提前角应比非增压时小。

2. 车用增压机的机械负荷

车用柴油机采用增压技术后,进气压力为压气机(或中冷器)的出口压力。随着进气压力的增高,最高燃烧压力也要增高。进气压力每增加0.1MPa,最高燃烧压力就增加0.868MPa。由于车用柴油机增压后最高燃烧压力剧增,柴油机的机械负荷也增大很多。

降低机械负荷的主要途径有:

(1)适当降低压缩比。从柴油机工作过程考虑,提高压缩比可以提高热效率;但从增压后的机械强度考虑,增大压缩比会使最高燃烧压力显著上升,压缩比每增加1,最高燃烧压力就增加1.2MPa左右。适当降低压缩比对缓解负荷有显著作用。

(2)适当减小供油提前角。在排气温度不高、距设计指标还有一定裕度的条件下,适当减小供油提前角,既不使热负荷过分严重,又缓解了柴油机的机械负荷。

(3)调整涡轮增压器。适当增大喷嘴环面积可使增压器转子转速减慢、压气机出口压力降低,柴油机最大爆发压力减小,机械负荷得到缓解。还可适当增大压气机及涡轮的涡壳来调整压比、流量及效率范围,以优化匹配,满足增压的需要。

(4)优化供油系统。供油系统匹配是否合理对发动机的性能影响很大。经济性和燃烧粗暴性互相矛盾,热负荷和降低最高爆发压力顾此失彼,在优化供油系统时应特别注意。

①为缩短供油时间可加大柱塞;但柱塞加大后,初期的喷油速率也较大,燃烧粗暴,所以要注意调整。

②喷孔尺寸。喷孔的总截面要足够才能保证喷油量。在总截面积一定的情况下,喷孔数多,喷孔直径就小,燃料在空间的分布量增加,雾化质量改善,但油束的贯穿距离减小,喷孔容易堵塞。另外,还要注意油束在燃烧室的落点是否满足要求。

③采用特殊结构。可采用低温高增压系统(米勒系统)、补燃增压系统、可变压缩比增压系统等特殊结构使最高爆发压力降低,从而控制机械负荷。

3. 冒烟限制器

由于增压车用柴油机在低速运转时的循环供油量相对较多,燃烧恶化,冒黑烟;在加速时,供油拉杆位移加大,压气机由于惯性,供气滞后,也会出现冒烟。采用冒烟限制器后,可获得满意的转矩特性,改善经济性和排气烟度。

(二)车用汽油机的特殊问题

汽油机的废气涡轮增压技术与柴油机基本相同,但因为这两种发动机的工作特性有明显差别,在具体措施方面也有很大不同,限制了涡轮增压在汽油机上的应用。

1. 汽油机增压的主要困难

(1)如果使用普通辛烷值的汽油,则使爆震趋势加大。

(2)由于爆震趋势加大，而不得不使压缩比降低，这就使膨胀比降低，排气温度升高，加上不能加大扫气来冷却受热零件，使热负荷增加。

(3)汽油机的速度变化范围大，整个速度范围内的功率差别也大，涡轮增压机与汽油机的匹配比柴油机更为困难。

(4)涡轮增压汽油机的增压器直接影响空气和燃油量，其瞬态效应比柴油机差。

(5)发动机空间小，总体布置困难。

2. 汽油机增压需解决的主要问题

1)应有消除爆燃和减小爆震的措施

(1)采用辛烷值高的燃料，或降低压缩比。

(2)更紧凑的燃烧室设计，以减轻爆震趋势；提高燃烧室的机械负荷和热负荷。

(3)采用废气再循环，使爆震趋势减弱。

(4)采用爆震传感器，进行爆震调节。

(5)向增压排气歧管喷入适当的水，使之汽化吸热、降低排气温度，减少涡轮进口焓值，降低增压器转速，从而使压气机出口压力和温度得到控制。

(6)采用进气喷剂。把纯净的软水，或水和甲醇、水和乙醇混合物从化油器喉部喷入，利用水的汽化潜热降低进气温度，从而达到降低整个循环温度达到抗爆的目的。适当加入甲醇和乙醇可以增加辛烷值及燃烧速率，对抗爆、改善经济性和动力性有一定效果。

(7)汽油乳化。在汽油中渗入乳化剂，通过专门的处理装置，使水和汽油微团达到较均匀的混合，造成一种油包水的乳化汽油。在燃烧中，由于水粒蒸发、炸裂，促进油气混合，改善了燃烧过程。水的汽化潜热使进气充量温度下降，减慢焰前反应，有利于抗爆。

(8)使用掺醇混合燃料。甲醇具有较好的燃料特性，能满足汽车燃料的基本要求，且来源广泛，生产工艺简单。但由于甲醇的化学性质与汽油相差较大，无论是单独使用或与汽油掺和使用都有一定困难。为了避免对发动机的结构及供油系统作较大改动，以掺和使用为宜。但要用杂醇油作为增溶剂才能解决混合后在低温下分离、高温下沸腾产生气阻、在冬季起动困难的问题。掺醇混合燃料的燃烧速度加快，特别是平均压力升高率比一般汽油提高 15% ~ 20%。由于燃烧速度加快，大大改善了抗爆效果。

2)减小热负荷的措施

(1)采用中冷装置冷却混合气，以降低充气温度，使压缩比得以增加并使排气温度降低。

(2)采用高级点火系统，保证可靠点火，避免后燃。

(3)采用废气再循环，也可减轻汽油机和涡轮机的热负荷。

(4)选择适当的增压度。为了控制热负荷和防止爆震，化油器式汽油机的增压度，一般控制在 20% ~ 30%。电控技术的迅速发展，为汽油机进一步提高增压度创造了有利条件。

3)排气系统优化

通过优化排气系统可降低涡轮机前的背压。

4)合理布置增压系统

所谓合理布置增压系统，是指增压器与化油器的相互位置而言。可分为前置式、后置式、中置式三种，如图 7-20 所示。

电控汽油喷射系统在增压汽油机上的应用，成功地摆脱了增压器与化油器匹配的困难，为汽油机增压技术奠定了基础。通过电控技术的应用，还为在汽油机增压系统中实现爆震控制、放气控制、排放控制、增压器可变技术的应用等综合控制带来了方便。

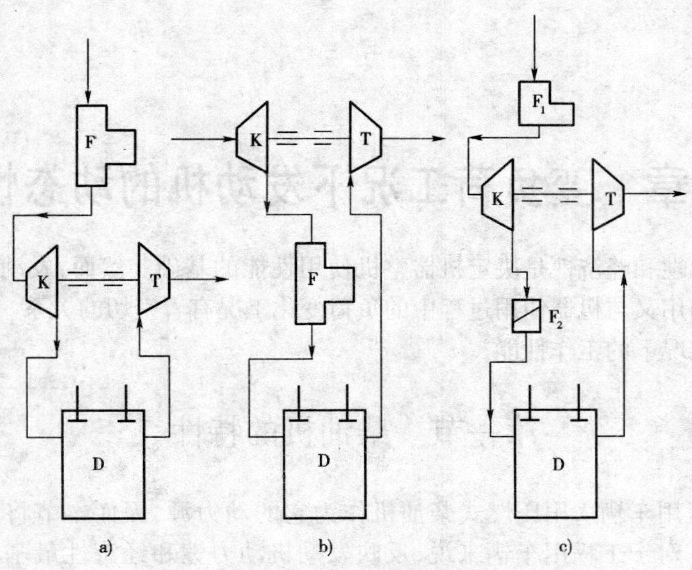

图 7-20　增压器配置方案

a)后置式;b)前置式;c)中置式

F-化油器;K-压气机;T-涡轮;D-发动机

第八章　变负荷工况下发动机的动态性能

发动机的动力性和经济性是决定机器整机使用性能的基础。然而,发动机动力性和经济性的充分发挥和利用又与机器使用过程中的负荷变化工况有着密切的关系。本章将着重讨论发动机在变负荷工况下的工作性能。

第一节　柴油机的特性

绝大多数工程用车辆采用压燃式柴油机作为它的动力源,因而本节将只讨论柴油机的动力性和经济性。对于工程用车辆来说,反映发动机动力性和经济性最基本的特性曲线是发动机的速度特性。速度特性表示的是油泵齿条置于一定的供油位置时,发动机输出(有效)功率、转矩、小时油耗随转速而变化的关系。齿条在最大供油位置时(齿条与油量限止器相接触)的速度特性,称为发动机的外特性。齿条在部分供油位置时的速度特性则称为部分速度特性。

柴油机是一种采用变质调节的内燃发动机。在这种情况下,每一循环充入汽缸的空气量是不能调节的(它与发动机的转速和负荷关系甚小),而功率及负荷的调节则依靠改变每一循环的燃料喷射量来实现。如果在某一固定转速下逐渐增大供油量,则由于燃料的增多,而使过量空气系数逐渐下降。到一定程度时,在排气中即开始出现黑烟,而发动机的比油耗则急剧增长,此时表明汽缸内已发生明显的不完全燃烧。这一开始冒烟的极限称为冒烟界限。将速度特性上每一转速下的冒烟限连成一条曲线,则这一曲线即称为发动机的冒烟界限特性(见图8-1曲线1)。发动机在超过冒烟界限的工况下长期工作是不允许的,因为严重的不完全燃烧和补燃现象,会造成汽缸内大量积炭和引起零件过热。因而,冒烟界限特性反映了发动机在实际工作中所能容许的极限工况。

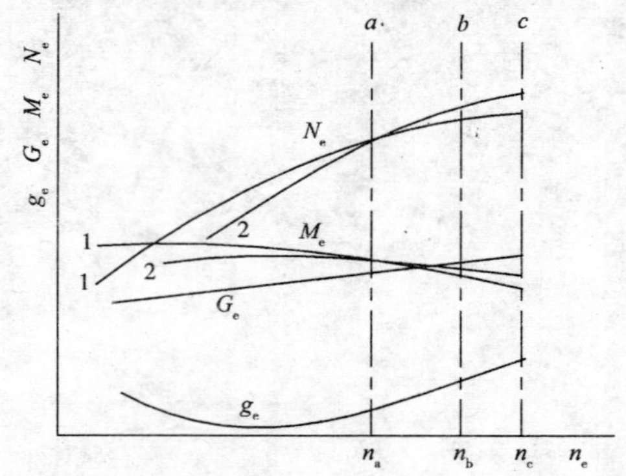

图 8-1　柴油机的外特性

a-冒烟界限;*b*-振动;*c*-强烈振动,排气温度急剧上升

然而,事实上很难做到使发动机的外特性沿着冒烟界限特性而变化。这是因为在实际使用中,喷油泵齿条的最大供油位置是受限制螺钉限制而不作调节的。齿条的位置一定时,喷油泵的供油量通常将随着发动机转速的下降而减小(这一情况是由喷油泵的速度特性所决定的)。如果在某一转速 n_a 下将油泵的供油量调整到冒烟界限,那么当发动机在低于这一转速的工况下工作时,它的速度特性就必然低于冒烟界限的特性(如图 8-1 曲线 2 所示)。将油泵齿条固定在最大供油位置上所测得的外特性,称为发动机的实用外特性曲线,它反映了在实际运转条件下,发动机在某转速下所能达到的最大输出(有效)功率、转矩及其相应的比油耗。

对于柴油机来说，在外特性曲线上，发动机的最大功率并没有一个明显的转折点，当转速超过冒烟界限(n_a)时，发动机的功率仍能继续增大，这是由于喷油泵的供油量随着转速的增长而继续增大的缘故。限制发动机最大功率和转速的将是它本身机械负荷和热负荷的极限(见图 8-1 上的 n_b, n_c)。

为了使柴油机的转速不致超过其冒烟界限和发生飞车，就必须用调速器来限制它的最高转速。在工业用车辆上，通常采用全程式调速器。在调速手柄位置保持固定的情况下，这种调速器只是当发动机转速达到一定的数值时才起调速作用。在转速低于此值时，由于油泵齿条碰到油量限制器，调速器就失去调速作用。当调速手柄向减少油量的方向移动时，则调速器开始起作用的转速也随之降低。

柴油机带有调速器的速度特性称为柴油机的调速特性。将调速手柄置于最大供油位置时的调速特性称为调速外特性，在部分供油位置时的调速特性，则称为部分调速特性。图 8-2 是柴油机典型的调速外特性和部分调速特性。从图上可以看出调速外特性实际上是由两部分组成的。在特性曲线的 bc($b'c'$, $b''c''$)区段内，调速器起着限制转速的作用，称为调速区段。当转速下降到与 b 点相应的转速时，调速器不再起作用，而发动机的各项指标将按外特性曲线变化，见图 8-2 所示的 ab($a'b'$, $a''b''$)区段，这一区段则称为非调速区段。当调速手柄减小供油量时，调速器开始起作用的转速相应降低(见图 8-2 上之 d、e、f、g 点)而调速区段则相应地变为图上 1、2、3、4 所示的线段。

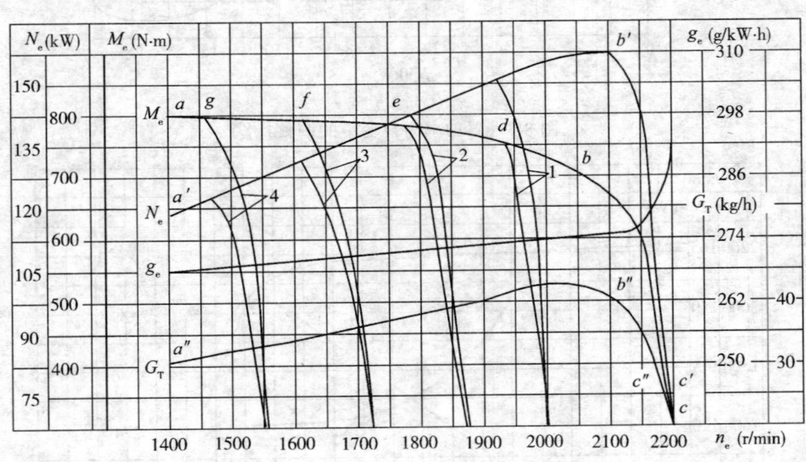

图 8-2　柴油机的调速特性

以转速为横坐标的调速外特性用于讨论非调速区段的发动机动力性是比较方便的，但是对于调速区段，则由于曲线过于陡直而往往显得不够方便。有时，为了便于讨论调速器作用区段的发动机动力性和燃料经济性，发动机的调速外特性也可以绘成以发动机有效功率 N_e 或有效转矩 M_e 为自变量(横坐标)的函数图形。

图 8-3 和图 8-4 分别表示了以有效功率 N_e 和转矩 M_e 为横坐标的调速外特性。

柴油机的调速外特性是反映柴油机动力性和经济性最基本的特性曲线。在这些曲线上可以指出如下一些表征发动机动力性和燃料经济性的基本指标(见图 8-5)。

(1)发动机的最大有效功率 N_{emax}；

(2)发动机的最大功率转速 n_{eNemax}；

(3)发动机的最大功率转矩 M_{Nemax}；

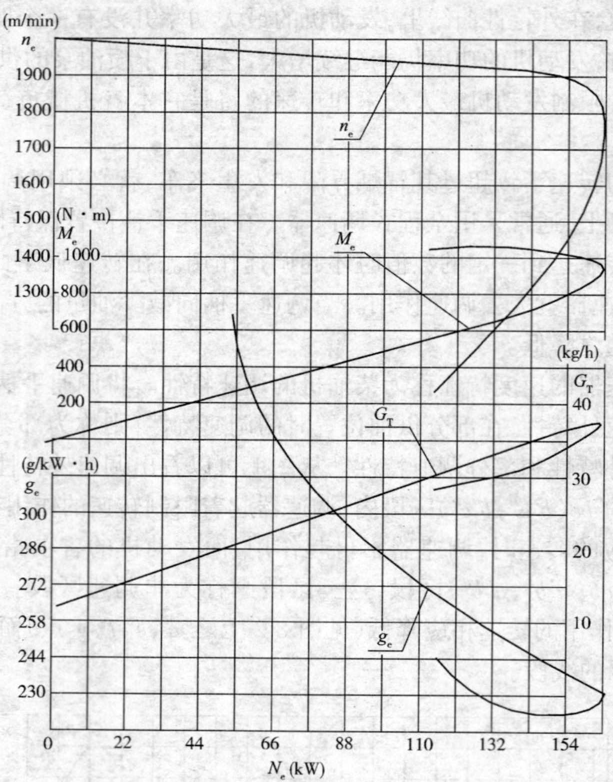

图 8-3　以功率为自变量的调整特性

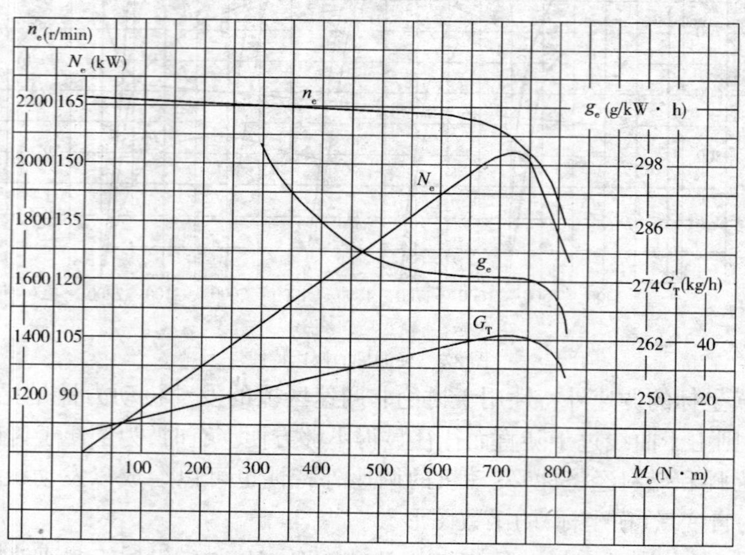

图 8-4　以转矩为自变量的调速特性

(4)发动机的最大有效转矩 M_{emax}；

(5)发动机的最大转矩转速 n_{Memax}；

(6)发动机的空转转速 n_x；

(7)发动机的最低比油耗 g_{emin}；

(8)发动机的最大功率比油耗 g_{eNmax}；

(9)发动机空转时的小时燃油耗 G_{Tx}。

除此以外，调速外特性的进展形状也对发动机的动力性和燃料经济性有着重要影响。关于这方面的指标，将在下节中作详细讨论。

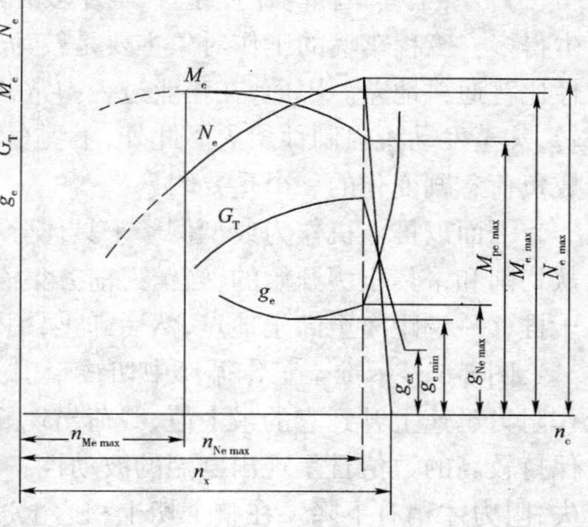

图 8-5 柴油机动力性和燃料经济性的基本指标

发动机的额定功率是指制造厂按其用途及使用特点规定的，并通过台架试验进行标定的最大有效功率。我国国家标准规定，在进行额定功率的标定时，柴油机应装有正常使用时所必需的全部附件(包括空滤器及消声器)。发动机在进行出厂试验时，油泵供油齿条的油量限制器就是按额定功率进行调整并铅封的。与额定功率相对应的转速称为额定转速。发动机在额定功率和额定转速下运转的工况，称为发动机的额定工况。与额定工况相对应的供油量，称为额定供油量。与额定工况相对应的发动机有效转矩、小时燃油耗和比油耗则分别称为发动机的额定转矩、额定小时油耗和额定比油耗。从以上定义中可以看出，额定功率与额定转速实际上就是按出厂调整测得的发动机调速特性上的最大有效功率和最大功率转速，而额定转矩、额定小时油耗和额定比油耗则是与这一工况相对应的各项指标。

第二节 动态负荷的特点及其对发动机性能的影响

上节讨论了发动机动力性和燃料经济性的基本指标。但是，发动机装车后的动力性和经济性不仅取决于它本身的特性曲线，而且与车辆在使用过程中的负荷工况有很大关系。实际上，只有在额定外部载荷固定不变，且其数据相当于发动机的额定转矩时，发动机才能输出它的额定功率。当发动机在变负荷工况下工作时情况就完全不同了。于是就产生了这样两方面的问题：一方面是发动机对变负荷工况的适应能力问题；另一方面则是怎样在外部阻力变化的工况下来评价发动机动力性和经济性指标的发挥和利用程度的问题。本节将从工程车辆负荷工况的特点出发来讨论上述两方面的问题。

一、工程车辆负荷工况的特点与随机数据分析

工程车辆主要用来做推土机、铲运机、装载机等工程机械的基础车辆。此类车辆多为进行循环作业的工程机械，它们的工作循环是由若干性质不同的工序所组成。由于工程车辆的使用过程有着一系列不同于农业拖拉机的具体特点，因而也就决定了工程车辆在负荷工况方面的一系列特点。

首先是工作过程的循环作业方式决定了工程车辆需要在不同的工况下工作，这是由工作循环中各工序的不同性质所决定的。由于完成各工序所需克服的工作阻力往往有着很大差别，因而需要用多级变速器通过变换挡位来变换工程车辆的工作速度，以改善发动机的负荷情况并适应在不同工况下作业的要求。尽管采用了多级变速器，发动机的负荷在整个工作循环中，仍然可能在很大范围内变化。此种情况在农业拖拉机上是较少遇到的。对于主要进行连续作业的农用拖拉机来说，拖拉机的工作阻力和运行速度总的来说是比较均匀和稳定的。

另外，工程车辆的作业条件，与主要在经过耕耘的土地上作业的农用拖拉机相比，也要恶劣得多。工程车辆的工作对象主要是较为坚硬的土石方和难以预测的土壤结构，土壤的均质性比普通耕地差。因而，在作业过程中常常出现短时间的峰值载荷，超负荷、行走机构完全滑转，甚至发动机强制性熄火。此外，工程车辆还常常需要在很陡的坡度上进行作业，这也是造成负荷急剧变化的一个重要因素。

下面以推土机作为典型例子来具体分析工程车辆负荷工况的特点，推土机的作业循环是从切削和采集土壤开始的，当铲刀前方集满土后，铲刀稍微抬起，停止切入，随即将堆集起来的土推移一定距离至卸土地点，然后卸土，用倒挡回驶到工作面，接着重新开始新的工作循环。

图 8-6 显示推土工作循环中切线牵引力的变化情况。在切土和采集土壤时，推土机的工作阻力迅速上升到它的最大值，载荷出现峰值。在随后的运土工序内，推土机的工作阻力一直保持较高的数值且呈现出剧烈的波动性。只是在运土工序末尾，由于在推土过程中集土的流失，阻力才稍有下降。在整个切土和运土过程中推土机通常用最低挡工作，在此期间，发动机的负荷程度是比较高的，并常常发生短时间的超载，使发动机转速急剧下降，甚至引起行走机构完全打滑或使发动机发生强制性熄火。图 8-7 是发动机转矩在切土、运土、卸土工序中的变化情况。从图中可以看到，在切入和集土阶段，发动机转矩频频出现短时间的峰值载荷，这种峰值载荷在集土阶段末尾可超出发动机额定转矩 20% ~ 30%。在卸土时，常常由于铲刀深深切入以前推集的土壤之中而引起发动机负荷的急剧增长，这种峰值载荷，甚至将超出发动机额定转矩 40% ~ 60%。

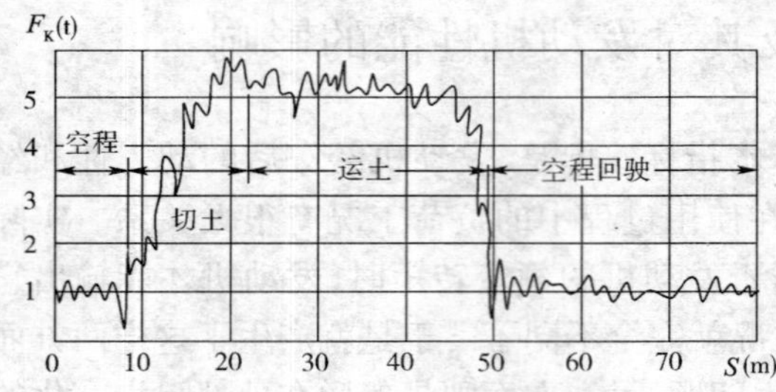

图 8-6　推土机切线牵引力在工作循环中的变化情况

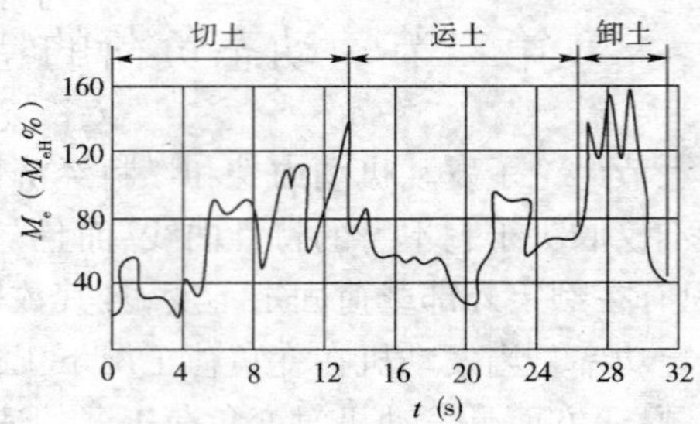

图 8-7　推土机发动机转矩在工作循环中的变化情况

推土机卸土后，阻力迅速下降到零，而在随后空程回驶的工序中推土机所需克服的工作阻力仅是机器的行驶阻力，它在数值上是很小的(见图 8-6)。尽管在回驶时采用了高速挡，然而由于速度的限制，发动机的负荷程度仍然是较低的。

配装铲运机、装载机、松土器、除根机等其他工作装置的工程车辆，其工作阻力、运行速度、发动机的负荷也存在着类似的大幅度波动的情况，尤其是单斗装载机的阻力和负荷的变化更加频繁和急剧。总之，工程车辆是一种循环作业机械，其负荷工况的基本特点是载荷变化的急剧性和周期性(周期可达几十秒至 1 ~ 2min)；频繁出现的短促的峰值载荷，使发动机经常出现短时间的超载，而引起行走机构完全滑转或发动机的强制性熄火。

在急剧的变负荷工况下，发动机实际上不能输出它的最大功率，功率利用情况大大恶化。

工程车辆这一负荷特点反映在动态测试数据上，其特点是：负荷变化与驾驶员对工作装置的有意识操纵之间存在着某种规律性的联系。土壤的非均质性和驾驶员操纵的随机性，使动态测试数据包含着某种非确定性分量和随机分量，称为非平稳随机数据(见图 8-6)。研究表明，消除了趋势项后的试验数据在时间域内是一种均值为零的平稳随机数据。以下以推土机与装载机为例，进一步分析工程车辆动态负荷的特点。

1. 动态测试数据的性质和特点

在作业方式模型化的条件下，推土机的循环作业过程分解为铲土、运土等工序，各工序负荷大小、变化情况等都有很大差别，且每工序反复循环进行，无较长时间连续的稳定工作过程。

工作过程负荷变化与驾驶员操纵铲刀之间存在规律性的联系，工作过程的这些特点反映在各测定参数的动态测试数据上，有如下显著特点：

(1)试验样本长度很短，试验样本总体只能靠多次重复试验获得。

(2)铲土工序随机性更大，即使严格控制试验条件也不可能具有平稳数据的性质。

(3)这类非平稳随机数据包含着某种带有确定性趋势的分量，它是一种缓慢(相对随机动态分量而言)变化的趋势项，且有可能从过程中分离出来。

(4)机器巨大的质量系统，决定了各项参数动态测试数据的谱长极其有限，它的频率结构属于低通窄带型，缓慢变化的直流分量在整个频谱能量中占主要地位。

以上特点尽管是就推土机提出的，实际上所有循环式作业机械的牵引负荷都具有这种特点，因为它们具有相似的作业方式和结构原理。进而言之，所有的牵引式机械牵引负荷均具有低通窄带型的频率结构，这与机器系统的附着重量较大，传动系统和地面条件所构成的牵引力刚度较小等因素有关。

2. 推土机负荷特性与随机数据模型

工作过程中有明显趋势项的非平稳试验数据，可以分解成缓慢变化的非平稳确定性分量和平稳性随机分量来进行分析。其非平稳的确定性分量由机器的类型(工作模式)所决定，不同机器的差别即在于此，这是一种准静态的缓慢变化的分量(不一定是常数)。

机器工作过程中的静态趋势项与机器非工作过程空载回驶的静态项之和构成机器牵引负荷的全部静态过程，这一过程是各种机器研究中的个性问题，是各种机器传动系统控制策略中要面对的主要问题；动态平稳过程只发生于机器的作业过程，可以认为各类机器的这一过程均相似，它主要由土壤的随机性质和机器牵引系统的动态结构和固有频率所决定，这是机器随机数据处理中最重要的问题，是共性问题，是机器传动系统动态研究中的主要问题。

T180 推土机铲土过程牵引力变化的一个典型历程记录样本如图 8-8 所示。可见牵引力变化有一定规律，在其快速波动中包含有缓慢变化的成分，使测试数据带有非平稳性。将牵引力的时间历程进行自相关分析，其自相关函数如图 8-9 所示，可见缓慢变化的趋势项使自相关函数出现较大畸变，过程为一非平稳过程。

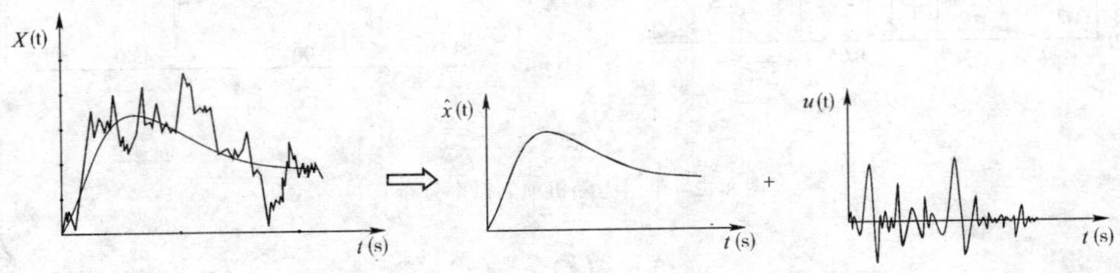

图 8-8 牵引负荷及其分解

在严格控制驾驶员切土的工作模式条件下进行试验，取牵引力的 20 次试验样本进行平均化处理，其结果如图 8-10 所示。可见多次平均化处理后，较高频率成分相互抵消，而突出了缓慢变化的趋势项，代表了铲土过程牵引力变化的平均规律。

经消除趋势项后，对 20 次试验样本在时差域分析所得的自相关函数的均值函数如图 8-11 所示，可见消除趋势项后的随机项呈现平稳性特点。

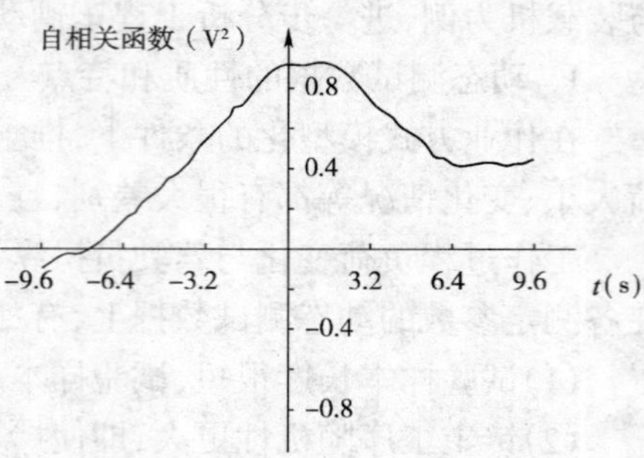

图 8-9　T180 推土机牵引力仪器记录信号值的自相关函数

经对 T180 推土机（20 次样本）和 TY140 推土机铲土过程牵引力的 33 次试验样本的随机项进行分析表明，牵引力随机项的分布接近正态分布（图 8-12）。

上述结果表明：非平稳的牵引力随机过程，的确可分解为一个确定的过程与一个随机过程之和。趋势项反映了机器的工作模式，其形态取决于机器类型与操作方式；随机项反映了土壤等随机因素之作用，这是一个均值为 0 的正态分布的平稳随机过程，即：

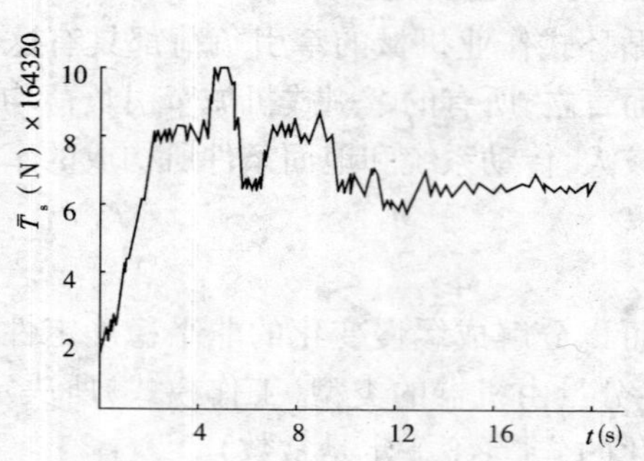

图 8-10　T180 推土机 20 次试验平均化的牵引力—趋势项曲线

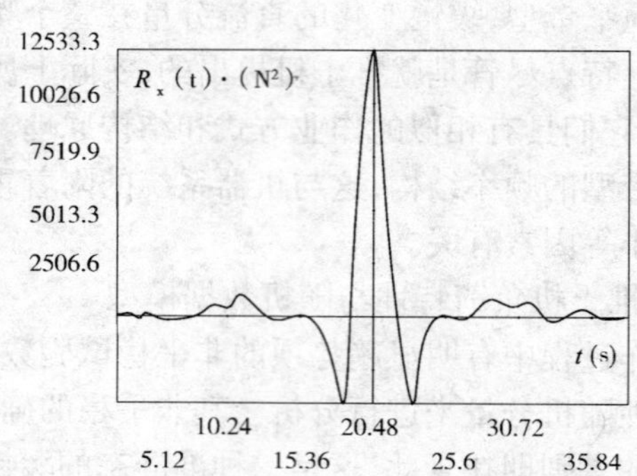

图 8-11　T180 推土机牵引力随机分量 20 次样本平均的自相关函数

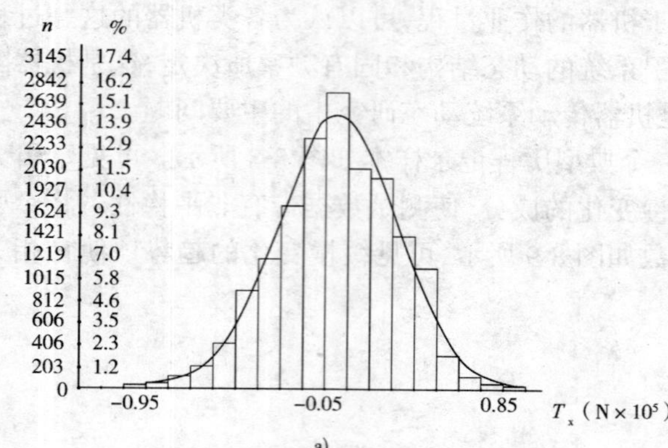

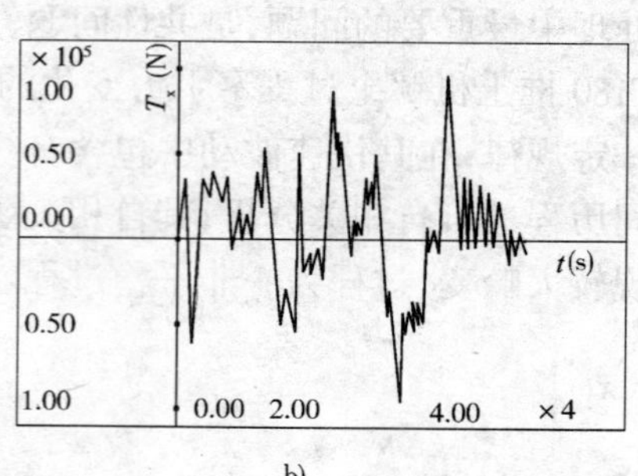

图 8-12　牵引力随机项的概率分布

$$x(t) = \hat{x}(t) + u(t) \tag{8-1}$$

式中：$\hat{x}(t)$——缓慢变化的确定性函数，为 $x(t)$ 的均值；

$u(t)$——均值为 0 的正态分布随机函数。

T180 推土机的牵引力数据在 20 次平均化并清除趋势项后的单边功率谱见图 8-13。可见牵引力随机项频谱图平滑且呈低频窄带振动特性，谱长很短，振动能量主要分布在 0 ~ 3.6Hz

的范围内,并延续至 5~10Hz,其能量峰值频率约为 0.24Hz(0~0.5Hz 之间)。

对 T3-100 推土机所作的试验表明:将铲土和运土工序分解处理,各工序的牵引力的概率分布亦相当于正态分布(图 8-14、图 8-15),其铲土和运土工序牵引力概率分布特性的数字特征见表 8-1。其结果表明:循环作业机械各工序可看作为一个平稳随机过程,将各工序延长则分别相当于一个连续作业机械,各不同工序的牵引力均值由于工序性质不同而有差异,但均呈正态分布特征。去掉均值后各工序均为一均值为 0 的正态分布,由于切土工序土壤的随机因素同时影响着切削和行驶条件使其牵引力离差增大,而运土工序则主要影响着行驶条件使牵引力离差较小。因此,无论是哪种循环作业机械和连续作业机械,去掉趋势项(各工序均值)后的牵引力随机项总可以用一个频谱图为低通窄带振动特性的均值为 0 的正态分布随机函数所等价,切土工序的载荷愈是波动剧烈,则频谱图高频段振动能量分布愈多。

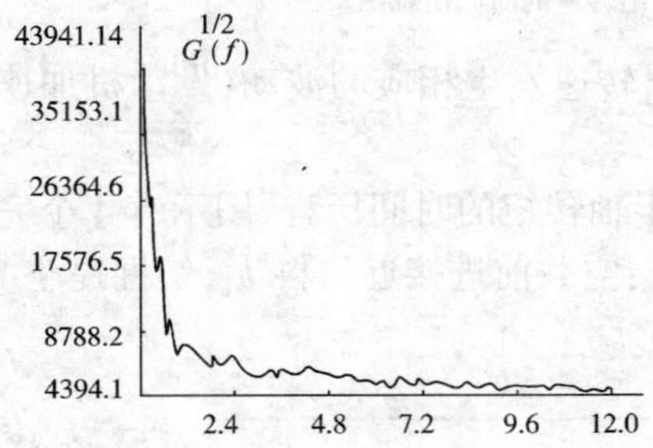

图 8-13 T180 推土机牵引力随机项的功率谱图

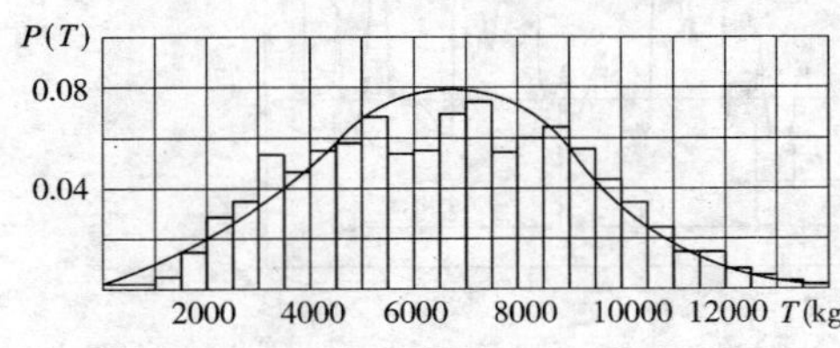

图 8-14 T3-100 推土机铲土工序牵引力分布特性

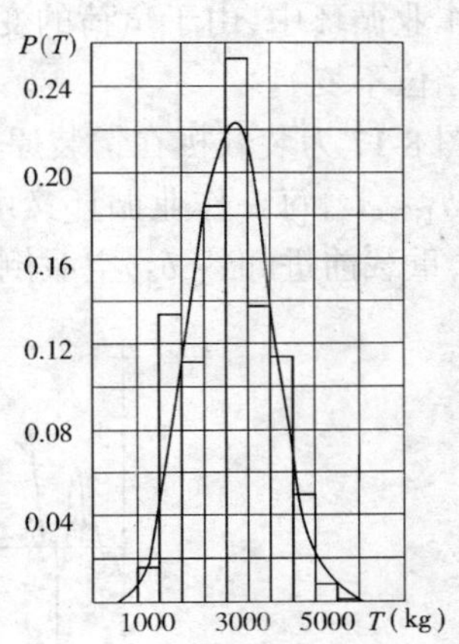

图 8-15 T3-100 推土机运工工序牵引力分布特性

铲土和运土工序牵引力概率分布的数字特征 表 8-1

参数名称	算术平均值(10N)	方差($100N^2$)	标准差(10N)	离差系数
铲土工序牵引力	6631	6798500	2607	0.393
运土工序牵引力	3112	804501	897	0.288

3. 装载机负荷特性

轮式装载机是一种普及面很高的工程车辆,尽管其工作模式与推土机截然不同,但其牵引力负荷应该仍具有循环式作业机械的特点,即非平稳随机过程中包含有确定趋势项和平稳随机项。如图 8-16 所示,大的趋势波动由装载机作业工序的变化产生,这一趋势决定着装载机的特点,是影响机器工作的主要因素;大波动上叠加的高频小幅波动,则由工作介质的随机因素造成。

图 8-16 中 a—b 区间为一个完整的作业循环,其中的具体作业段如下:

t_1:铲掘作业段;t_2:重载倒车作业段;t_3:重载前进及卸料作业段;t_4:空载倒车作业段;t_5:空载前进作业段。

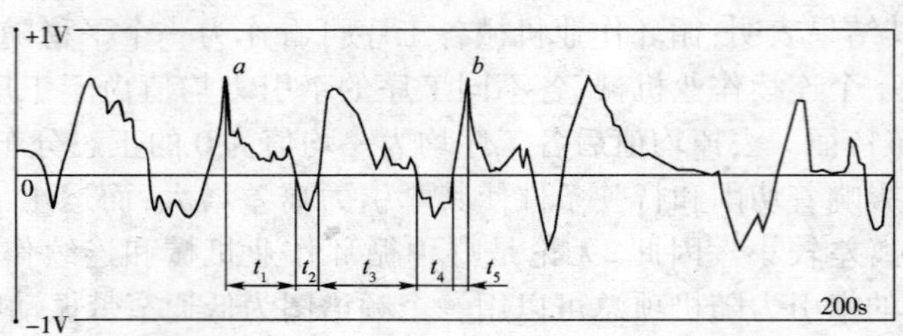

图 8-16 装载机变速器输出转速的时间历程图

作业循环中,由于负荷的变化,使变速器输出转速发生相应的波动(发动机加速踏板和变速器挡位不变)。

图 8-17 为装载机在铲装原生土工况下后桥半轴转矩的时间历程,图示有 4 个完整的作业循环 $a_1 \sim a_4$,每一作业循环又可分为五个作业段:空载前进接近物料 b_1,铲掘提斗 b_2,重载倒退 b_3,重载前进卸料 b_4,空载倒退 b_5。

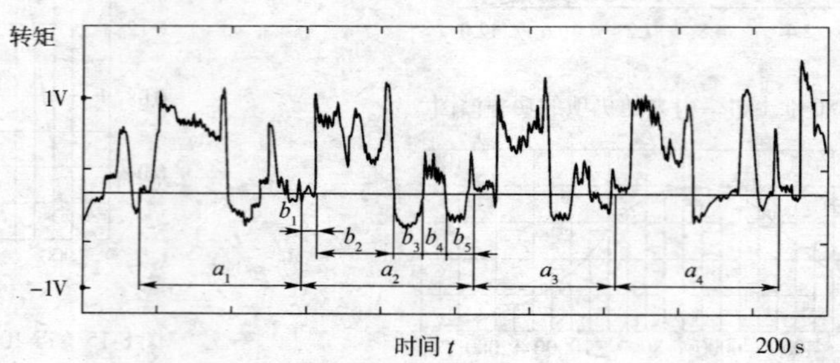

图 8-17 原生土工况后桥半轴转矩的时间历程

对图 8-17 所示的负荷曲线进行自相关分析表明(图 8-18),当 $\tau = 40.23$s 时,有极大的相关性,其间隙恰为一个作业循环的周期。

对上述负荷曲线进行功率谱分析表明:载荷波动最低频率为 0.025Hz,且能量分布最多,其倒数(40s)对应一个作业循环时间[28]。这说明:循环作业机械的工作模式决定趋势项,静态负荷(缓慢变量)具有最多的能量分布,机器牵引系统的工作状态主要由该项负荷决定,而叠加于其上的高频随机波动从对机器动态性能的影响角度来看则处于从属地位。

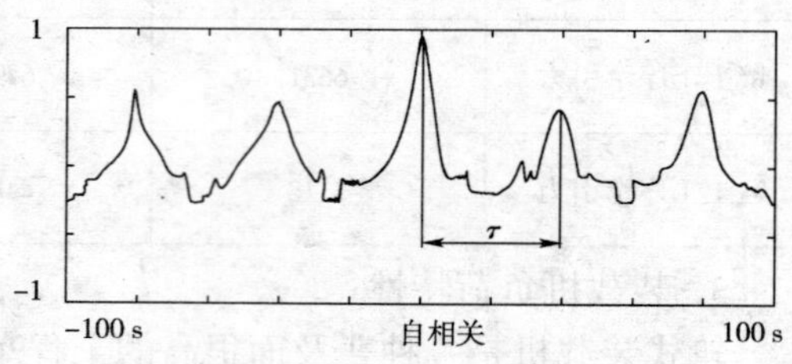

图 8-18 后桥半轴转矩自相关函数

装载机前后驱动桥半轴转矩信号的互相关函数如图 8-19 所示,两桥转矩有明显的同步关系,当 $\tau = 0$ 时,相关性最大,可以认为二者是同步的,且同步规律由工作模式工序规律决定,即由负荷的趋势项决定。这表明,对双桥驱动车辆,尽管各桥的附着重量、滑转状态、动力半径等参数并不相同,但对整机趋势项牵引力的产生起着同步作用。这一结论,对建立双桥驱动车辆整机动力学模型和研究传动系统的动态特性是非常重要的。

为了深入了解装载机牵引负荷的静动态特性,将图8-17所示的工作过程的后桥半轴转矩按工序分段处理,各工序统计分析的数字特征示于表8-2(取30个作业循环分析)。

表中 t 为各作业段时间,f 为载荷波动频率,u 为均值,σ 为标准差,c 为变异系数,k_r 为各作业段时间比例系数。

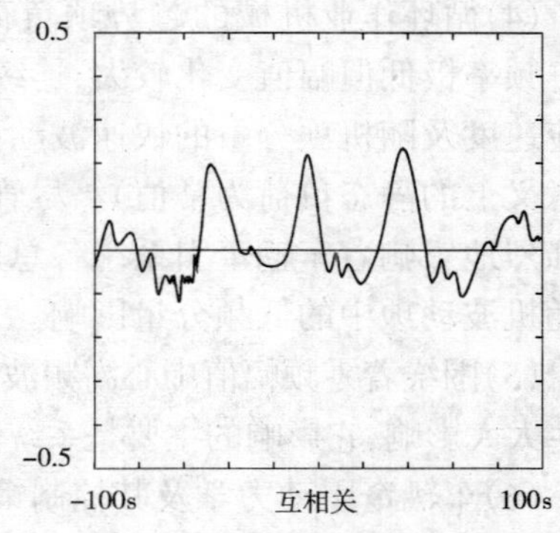

图8-19 前后桥转矩互相关函数

各作业段统计分析的数字特征 表8-2

作业指标 \ 数值 \ 指标	t(s)	f(Hz)	u(N·M)	c	k_r
空载前进	6.0	1.5	910.32	823.59	15%
铲掘	15.5	2.5	3203.72	1292.13	38.75%
重载倒退	9.0	2	-1321.33	754.50	22.5%
重载前进、卸料	5.5	2	1352.20	809.28	13.75%
空载倒退	4.0	1.5	-965.58	540.67	10%

由表8-2知,铲掘阶段负载最大,但波动小,空载前进负载小但波动大。经分段处理后各阶段接近平稳随机过程,分别进行 X^2 分布检验,在水平 $\alpha = 0.05$ 情况下,铲装、重载倒退、空载倒退工序接受正态分布假设;空载前进、重载前进拒绝接受正态分布假设,这主要因为前进时的加速冲击使载荷分布变得复杂,脱离了平稳过程的特点。可以设想,如果平稳加速前进,保持两个前进工序为平稳过程,则其载荷分布仍将接受正态分布。

这表明:对装载机的牵引负荷,仍然可以分解为确定的趋势项过程和均值为0的随机过程两部分,并且各工序的随机项振动频率主要为1.5Hz、2Hz、2.5Hz,总体上仍属于低通窄带型分布。

4. 结论

(1)各类工程车辆,包括履带、轮式、双桥驱动车辆的牵引负荷是一个随机的动态过程,这个动态过程的特点主要由机器的工作模式和车辆结构参数以及工作介质的随机因素所决定。循环作业机械为非平稳随机过程,连续作业机械和循环作业机械的任一工序为平稳随机过程,可以通过统计拟合的方法将各类车辆的随机负荷分解为确定的趋势项过程(该过程由机器的工作模式和车辆结构参数决定)和平稳的均值为0的随机项过程(该过程由车辆结构参数和土壤等的随机因素决定)。

(2)分解出的随机项分量具有一低通窄带型的功率谱长分布,能量集中在3Hz以内,0Hz附近的静态能量最大,随频率增大而递减。因此,零频能量可以作为机器负载的度量,在控制系统中作为负载反馈参数来对待。

(3)随机项分量的振动频率有可能通过车辆—地面牵引系统的固有频率来求出。

(4)循环作业机械的趋势项负荷为一与车辆工作模式及工序周期相应的缓慢变化负荷——频率极低但幅值变化较大,连续作业机械则为一常值。相对于车辆发动机和传动系统的响应速度及随机项分量的快速波动而言,这两种负荷都是0频率附近的静态意义上的负荷(严格意义上的静态负荷为常值)。尽管变化频率低或不变化,然而能量分布最大的趋势项负荷仍将强烈地影响着车辆牵引系统各总成的合理工作点,车辆的动态性能主要受上述趋势项负荷及随机波动项中的低频分量影响。

(5)围绕着零频幅值中心高频波动的随机负荷分布能量小,对车辆牵引系统的工作性能不会产生太大影响,它影响的主要是系统元件的疲劳寿命与可靠性,当然对传动效率会有一定影响。

(6)车辆牵引动力学及其控制策略研究的主要问题应该是对上述趋势项静态负荷(缓慢变量)的适应性控制问题,最多包括随机波动中的低频分量负荷(零点几赫兹),而不应该是能量分布很少的高频分量负荷(可取1Hz以上作为工程车辆负荷的高频段,一般范围为1~3Hz,可扩大到1~5Hz,最高不超过10Hz。

(7)对快速波动负荷的控制(防治),最好的方法应该是传动参数调节之外的其他辅助方法,比如补偿、抑制之类的方法,而这种方法必须简单有效且保持车辆牵引系统高效率。

(8)多桥驱动车辆各桥的动态负荷可以按同步变化规律来处理,在牵引工作中,各桥之间不存在相互抵消和滞后等情况。

(9)动态波动负荷的变异系数在0.4~0.9之间(装载机),静态负荷大时取小值,反之取大值。

(10)将循环式作业机械的非平稳总牵引负荷按工序分段,则各段的总负荷基本遵从正态分布规律,根据这一特性,有可能根据多工序的时间比例、分布规律等建立完整的载荷谱序列,由此可以在概率统计意义上采取有效的动态负荷防治措施。

(11)连续作业机械的负荷特性,与循环作业机械分段工序负荷特性相当,遵从正态分布规律。

二、动态负荷对发动机性能的影响

1．现场试验

1)发动机输出转矩、功率与转速间的相关关系

台架试验测得的发动机静态调速外特性如图8-20所示,h, M_e, N_e, n_e分别为喷油泵供油拉杆(油门)的位移、输出转矩、功率、转速。

在负荷急剧波动的动态过程中,发动机的输出转矩和转速不可能按台架试验所确定的外特性进行变化。其工作状态的波形图围绕在M_e-n_e静态特性附近的散点图形如图8-21所示。如用两段回归线分别表示发动机调速和非调速区段M_e-n_e的平均统计关系,则可看到各转速

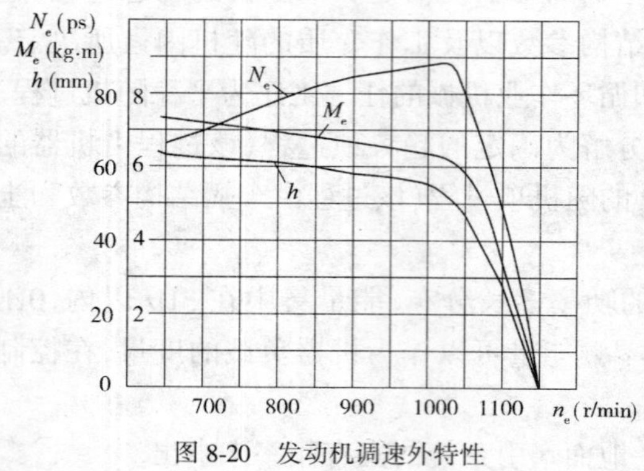

图8-20 发动机调速外特性

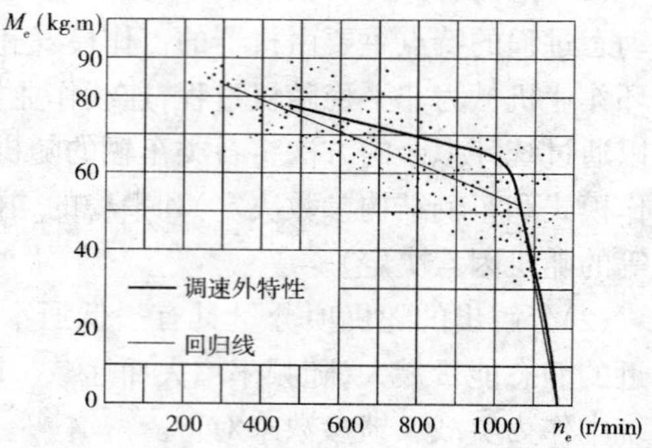

图8-21 铲土过程中发动机转矩与转速的相关关系

下的转矩平均值均低于发动机的静态特性。这表明,由于发动机和传动系惯性引起了瞬时输出转矩和转速偏离其静态特性,而且在动态负荷条件下发动机的动力性也恶化了。从图中还可以看到平均转矩低于静态特性的情况主要发生在转速波动较大的非调速区段,而在调速区段这种偏离则较小。

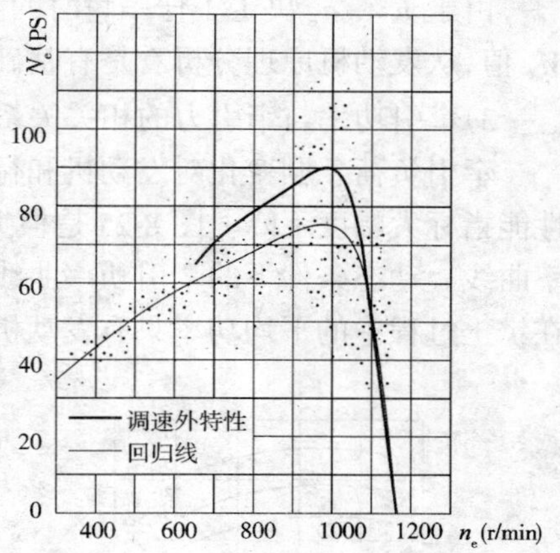

图 8-22 铲土工序中发动机输出轴功率和转速之间的相关关系

图 8-22 为铲土工序中发动机输出轴功率和转速之间的相关关系。从图中同样可以看到发动机平均功率低于外特性功率曲线的情况,由于发动机的转速大部分处于额定转速之下,而且各转速下的平均转矩与静态特性相比也有较大的下降,这就导致了发动机平均输出功率的大幅度下降。

对图 8-21 和图 8-22 所示的波形图进行相关分析的结果如表 8-3 所示。在动态工况下发动机平均输出功率只有 45.45kW(61.8PS),约相当于发动机额定功率的 69%。

发动机动态工况的试验数据表明:在动态波动工况下,平均阻力矩的工作点在发动机调速外特性上的配置过高,将导致发动机经常转至非调速区段工作,平均输出转矩和转速将大大低于额定值,从而严重恶化发动机的动力性和经济性指标。反之,平均阻力矩之工作点配置过低,尽管发动机在调速区间工作转速变化不大,但转矩较低,仍会使性能降低。

铲土工序中各参数相关的分析结果 表 8-3

发动机参数	调速区段			非调速区段			总平均值
	均值 X	标准差 S	离差系数 C_V	均值 X	标准差 S	离差系数 C_V	
M_e(kg·m)	40.5	11.9	0.294	66.5	14.0	0.211	62.1
N_e(PS)	62.5	22.8	0.364	61.7	15.0	0.243	61.8
n_e(r/min)	1093	19.6	0.0178	725	237	0.327	769

因此,对应于波动的动态负荷,必将有一个最佳的工作点配置问题。

2)发动机供油拉杆位移与转速间的相关关系

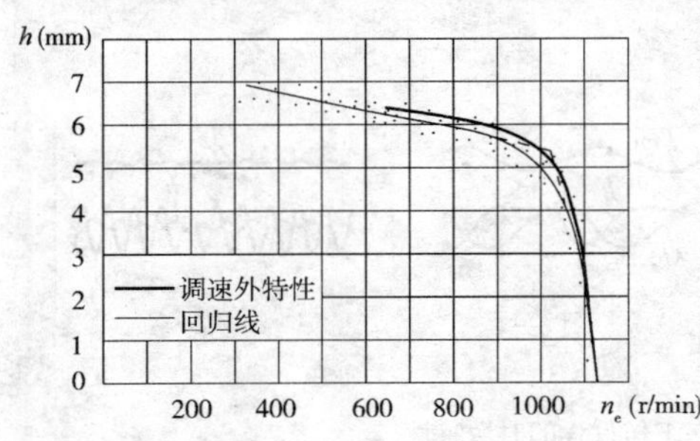

图 8-23 铲土过程中发动机供油拉杆位移与转速的相关关系

发动机供油拉杆位移与转速间的相关关系如图 8-23 示。相关分析和方差分析表明,与 M_e-n_e 间相关关系相比,供油拉杆位移 h 与 n_e 间存在着更强的相关性。这一情况表明有可能利用拉杆位移与转速的关系作为动态牵引性能预测的依据。如供油和调速系统的惯性是造成发动机在负荷变化工况下的动力性、经济性变坏的主要原因,亦即柴油机内部工作过程的变化对发动机性能的影响不大的话(过量空气系数较大及燃烧工作过程响应很快支持这一假设),则可利用供油拉杆位移与转速的关系作为确定发动机瞬时转矩的依据。此时发动机的转矩将是供油拉杆位移与转速的

函数 $M_e = f(h, n_e)$，这一特性可以由发动机在稳定工况下的台架试验获得(图 8-24)。

由于 h 和 n_e 决定了任一瞬时的实际供油量，因而 h，n_e 确定 M_e 值实质是由供油量确定 M_e 值，从发动机原理分析看是有基础的。

3)牵引功率与牵引力的相关关系

牵引负荷急剧变化对发动机和行走机构工作性能的影响，导致推土机在实际作业时牵引性能指标大幅度下降。图 8-25 是根据各参数的平均统计关系求得的铲土过程的动态牵引功率曲线。动态条件下的牵引功率曲线大大低于在稳定工况下的试验特性。计算表明：推土机在铲土过程中的平均功率只有发动机额定功率的 41.3%。

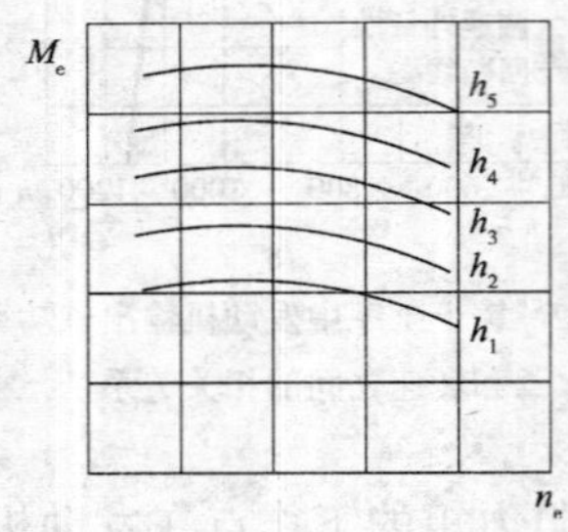

图 8-24　供油拉杆不同位置下的柴油机速度特性

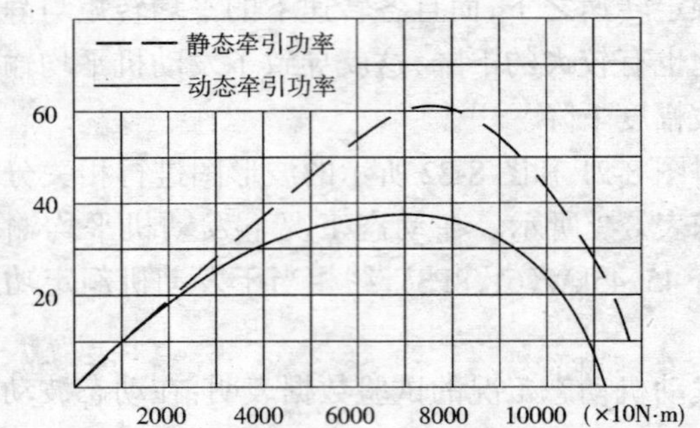

图 8-25　动态和静态条件下的牵引功率

2. 发动机动态性能的台架试验

文献[21]利用 DM-1 型液压加载试验台对 6135-K13 型机械调速柴油机(标定功率 105kW，额定转矩 500N·m，最大转矩 580N·m)进行了阶跃加载和正弦加载动态模拟试验，发动机为全负荷工作，由于载荷配置高低不同以及载荷波动，使发动机在调速区段和转矩校正区段变换工况，进一步探明了动态载荷对机械调速发动机性能的影响。

图 8-26 为正弦载荷作用下柴油机转速 n_e 和齿条位移 h 的时间历程，载荷转矩 $M = 450 \pm 100$N·m。由图看出，载荷频率小于 1Hz 时，载荷波动对柴油机系统产生明显的动态效应：齿条位移变化明显滞后于转矩变化，如图中 a 与 c，b 与 d 点的比较所示；转速和齿条位移的动态过程呈变化明显的非线性特征；高于 1Hz 的高频载荷动态效应微弱。齿条位移滞后于转矩变化主要是由于飞轮惯性导致发动机系统的转速滞后于转矩变化，而调速系统的测速—供油惯性延迟进一步增大这种滞后。

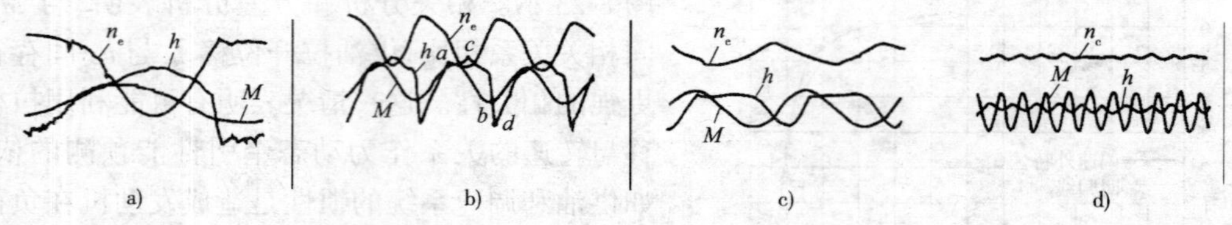

图 8-26　正弦载荷作用下柴油机动态工作过程的时域特性

a) $f = 0.1$Hz；b) $f = 0.3$Hz；c) $f = 1$Hz；d) $f = 5$Hz

图 8-27 是转速和齿条位移的幅频特性(图 8-27a)和相频特性(图 8-27b)。n_{em} 和 h_m 分别为转速和齿条位移的振幅，φ_{h-M} 和 φ_{n_e-M} 分别为齿条位移和转速与载荷 M 的相位差。曲线 1 为载荷转矩 $M = 450 \pm 100$N·m，配置在发动机额定工况区域附近；曲线 2 为 $M = 350 \pm 100$N·m，配

置在发动机调速区段。

图 8-28 是柴油机在动态载荷工况下性能指标均值的频率特性，$\overline{n}_e$、$\overline{N}_e$ 和 $\overline{G}_e$ 分别为柴油机的平均转速、平均功率和平均油耗与相应静态值(静态特性上与载荷均值的对应值)之比值。

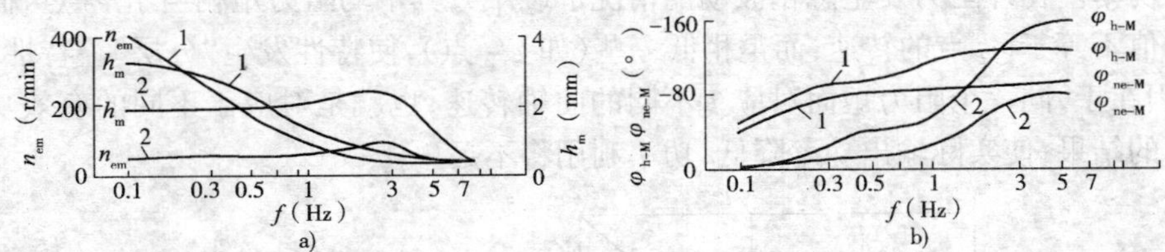

图 8-27　柴油机转速和齿条位移与载荷之间的频率特性

a)幅频特性;b)相频特性

由上述试验数据，可得出如下结论：

(1)在交变载荷作用下，机械调速柴油机具有明显的动态效应，表现为动态工况下齿条位移—转速、转矩—转速特性均偏离其静特性，结果使动力性能和经济性能指标恶化，平均转速、平均功率下降，平均比油耗增加(图 8-28)。其根本原因在于发动机系统的飞轮惯量使转速滞后于转矩变化，以及调速系统的供油(齿条位移)滞后与转速变化。

(2)机械调速柴油机在调速区段的工作表现为二阶系统特性，图 8-27a)中曲线 2，而在额定与校正区段则表现为一阶惯性系统特性，图 8-27a)中曲线 1，这主要是由于调速器在调速段和校正段调速弹簧刚度不同使调速系统模型不同所致。

(3)在调速区段，由于调速器按二阶系统工作，响应迅速，尽管仍然存在着发动机系统惯量造成的转速与转矩间的滞后，但动态载荷几乎不产生明显的动态效应。说明调速段只要调速器性能良好则发动机动态效应可不考虑。

(4)柴油机动态性能恶化主要表现在额定工况和校正工况。其原因有二：一是由于该工况一阶调速系统响应缓慢，惯性造成供油量滞后于载荷变化明显；二是由于柴油机额定与校正工况的静态特性的非线性(一、二阶系统转换)造成转速、齿条位移与载荷变化的不协调，说明非调速段的动态性能是问题的关键。

(5)不同频率的动态载荷对柴油机的性能影响各不相同，在 0.1 ~ 3Hz 范围内，频率愈低，其影响愈大。3Hz 以上的波动载荷由于发动机飞轮惯量的吸收平均而不产生明显影响(图 8-27b)；1 ~ 3Hz 的载荷使柴油机转速与载荷、齿条位移与载荷之间的相位差急剧增长(图 8-27b)，说明调速器对 1Hz 以上的动态载荷调节作用递减；配置在额定工况和校正区段的 1Hz 以下的动态载荷得不到调速器的快速有效调节以及飞轮惯量的吸收平均，因而成为影响发动机动态性能的主要载荷成分(图 8-27a)，图 8-28)。

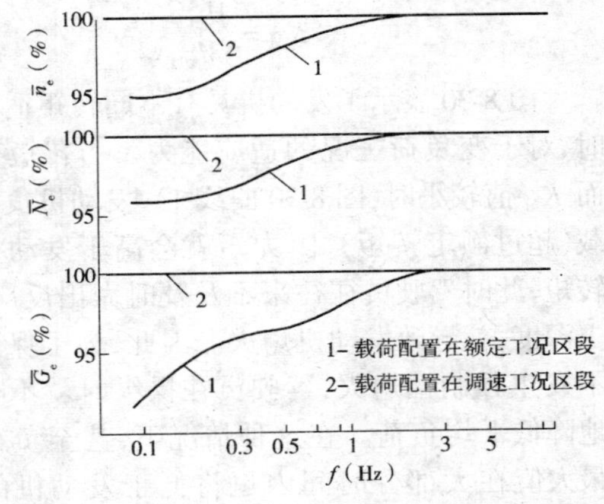

图 8-28　平均性能指标的频率特性

三、发动机对变负荷工况的适应性能

工程车辆在工作时，负荷总处在波动之中。当传动系中没有不可透性的减振装置时，负荷的波动传到发动机上引起曲轴转速和拖拉机行驶速度的变化，这将影响机器的生产率。

从图 8-29 上可以看到，在阻力矩比较稳定的情况下（M_{c1}），发动机特性曲线上与平均载荷相对应的工作点可以选在额定工况附近，发动机的输出功率仅有微小的波动，大部分时间内将输出额定功率。在外阻力发生急剧波动的情况下（M_{c2}），其平均阻力矩相当于 e_2 点，而曲轴转速的平均值不等于 e_2 点的转速，而是稍低一些（如 e'_2 点），使特性发生“分层”。特性发生“分层”的原因在于，同一个阻力矩而对应于不同的曲轴转速，也就是对应于不同的有效功率。特性“分层”的结果，使实际输出功率降低，功率利用将不足。

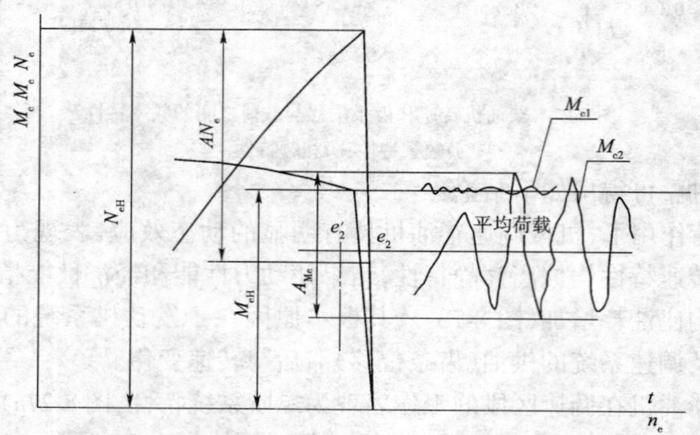

图 8-29　变负荷工况对发动机输出功率的影响

A_{Me}-由 M_{c2}的波动导致发动机转矩的波动范围；A_{Ne}-由 M_{c2}的波动导致发动机功率的波动范围

功率利用不足是由于发动机阻力矩波动而超过标定值，也就是发动机周期性地在特性曲线的校正段工作时开始发生的。不难看出，当负荷波动的振幅不变，而发动机的平均负荷接近于标定值时，发动机功率利用不足的程度增加。当发动机平均负荷不变时，随着负荷波动的振幅增大，功率利用不足的程度也增大。

发动机适应变负荷工况的能力，主要与特性曲线的形状有关。从动力性的角度看，这种适应能力主要取决于转矩曲线非调速区段的平缓程度，并用发动机的转矩适应性系数 K_M 和速度适应性系数 K_V 来表示。

(1)转矩适应性系数是发动机的最大转矩 M_{emax} 与额定转矩 M_{eH}之比，亦即：

$$K_M = \frac{M_{emax}}{M_{eH}} \tag{8-2}$$

图 8-30 表示了发动机具有不同转矩适应性系数时，对于变负荷工况的适应能力。当转矩变化平缓而 K_M 值较小时（图 8-30 曲线 1），发动机负荷稍有超载（超过额定转矩），阻力矩就会高于发动机的最大转矩，此时驾驶员往往来不及及时做出反应，调整切土深度，就导致发动机熄火。因此，为了保证发动机不发生强制性熄火，驾驶员在操纵时就不得不适当地降低平均负荷。在这种情况下，甚至负荷波动的最大值在大部分时间内也将低于发动机的额定转矩。图 8-30 曲线 2 表示了另一台发动机的转矩特性

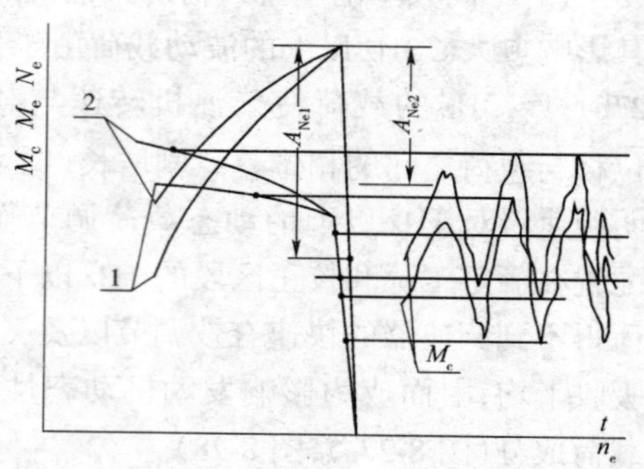

图 8-30　具有不同转矩适应性系数的发动机对变负荷工况的适应能力

A_{Me1}-对应于曲线 1 的荷载波动；A_{Me2}-对应于曲线 2 的荷载波动；A_{Ne1}-对应于 A_{Me1} 的柴油机功率波动；A_{Ne2}-对应于 A_{Me2}的柴油机功率波动

曲线，其额定转矩和额定功率均与第一台发动机相同，而转矩适应性系数则较大。在这种情况下，当外阻力突然增大时，通常在发动机尚未熄火前行走机构即首先发生完全滑转（在发动机功率与底盘重量匹配正确时）。因而驾驶员在作业时，有可能经常调整切削深度，尽量使发动机在额定工况下工作。这样，在同样的变负荷作业下输出功率的波动幅度较小，发动机的平均输出功率将会增大，功率利用的情况则较好。

发动机的转矩储备过小，不仅使发动机的平均输出功率减少，还由于操纵感较差而使驾驶员经常处于紧张状态，容易引起驾驶员的疲劳。而且一旦发生强制停车，就会破坏作业的正常进程，损失有效工作时间。所有这些，最终都将导致机器生产率的下降。因此，对于工程车辆来说，转矩适应性系数是衡量发动机动力性能的一项十分重要的指标。

柴油机在不装校正器时，它的转矩适应性系数一般是很低的，这是由于喷油泵的供油量随发动机转速的下降而减少这一情况所造成的。通常，柴油机自然特性的 K_M 值不超过 1～1.05（见图 8-31 曲线 1），因而，用于工程车辆的柴油机大都装有转矩校正装置。在这种情况下，K_M 值的增大主要将受到发动机冒烟界限特性的限制，而可以达到 1.05～1.15（见图 8-31 曲线 2）。如果适当地牺牲一些额定功率，也就是将额定供油量调整得低于它的冒烟界限，那么 K_M 值还可进一步增大（图 8-31 曲线 3）。应该指出，适当地降低一些额定功率，对于发动机可靠性和耐久性方面有较高要求的工程车辆来说也是有好处的。在这种情况下，为了增大发动机的平均输出功率，有时在调速器中装有两根校正弹簧，分别对转矩曲线的高速和低速部分进行修正。图 8-32 则是对柴油机调速特性进行修正的情况。

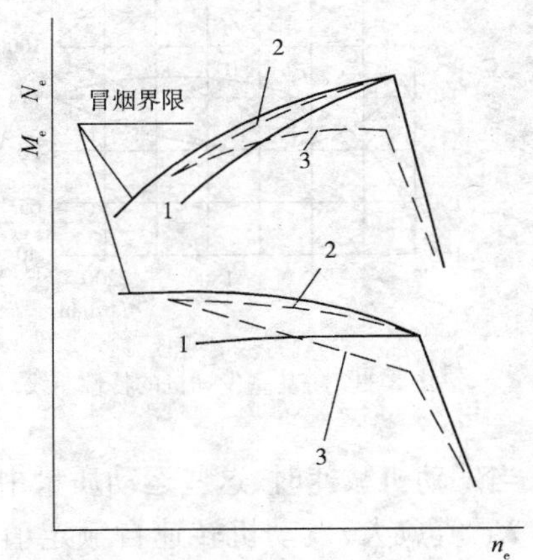

图 8-31 柴油机转矩校正特性

曲线 1-没有校正的柴油机特性曲线；曲线 2-增大了柴油机低转速时循环供油量的柴油机特性曲线；曲线 3-增大了柴油机低转速时循环供油量，并且减少了额定工况下的循环供油量的柴油机特性曲线

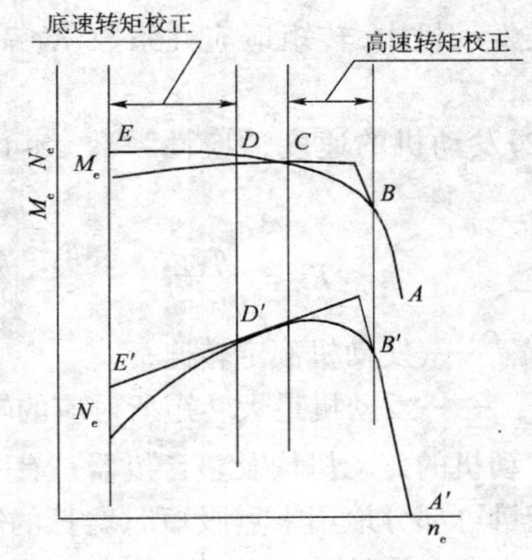

图 8-32 柴油机转矩特性的分段校正

对转矩特性进行分段校正，可以使发动机的转矩曲线在高速区段变化比较急陡（亦即转矩随转速的下降而上升的速率较大），这样发动机的功率曲线在高速部分就比较平缓，从而使发动机在额定功率附近工作时能获得较高的平均输出功率。转矩曲线在低速区段的校正可以使发动机获得较高的转矩适应性系数，从而保证机器具有良好的操纵感。

采取上述措施后，柴油机的转矩适应性系数 K_M 可提高至 1.20～1.25。

增压技术的发展为改善柴油机转矩适应能力提供了新的途径。一般来说,自然进气柴油机的转速变化对柴油机充气系数的影响不大,柴油机的充气系数大体上保持一定。但在涡轮增压的柴油机中,情况则不同。随着发动机转速的下降,增压压力将会显著地减小。因此,如果增压柴油机的过量空气系数按最大功率工况来确定,则当发动机转速下降时,为了保持不变的过量空气系数,就只能减少燃料的供给量。在这种情况下,增压发动机的转矩特性显然要比自然进气型的差。这是增压发动机相当长的一段时间内,在工程机械上采用较少的一个重要原因。

由于对涡轮增压器进行了改进,大大减少了高、低速时增压压力差,亦即空气量的差别,同时结合采用适当加大额定功率点的过量空气系数(即在额定转速时适当降低供油量——适当降低额定功率)的措施,使得增压发动机的转矩特性不仅达到,而且超过了非增压柴油机的水平。因此,废气涡轮增压发动机在最近几十年间,在工程机械上获得了愈来愈广泛的应用。目前不少工程机械用的增压发动机,其转矩适应性系数 K_M 可达 1.25~1.30。

值得指出的是,近年来为改善柴油机转矩特性所作的努力(例如采用可调节的涡轮增压器等),导致出现了一种所谓"等功率"发动机。这种发动机在一定的转速范围内可以保证功率为一常数,这就大大改善了机器的牵引和动力性能,并简化了传动系统的结构(可采用较少档位的变速器)。图 8-33 是等功率发动机特性曲线的示例。在此类发动机中,转矩适应性系数 K_M 高达 1.50 以上。

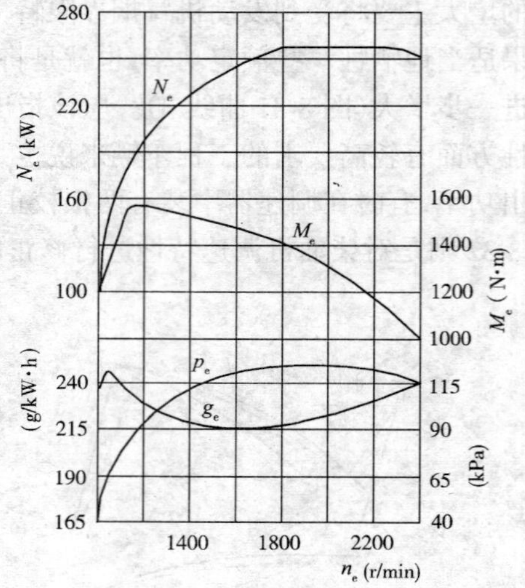

图 8-33　等功率发动机的特性曲线

(2)发动机的速度适应性系数 K_V 由下式表示:

$$K_V = \frac{n_{eH}}{n_{Memax}} \tag{8-3}$$

式中:n_{eH}——发动机额定转速;

n_{Memax}——发动机最大转矩所对应的转速。

发动机的传动机构及整台机器是有一定质量的,当发动机减速时,这些运动质量中储藏的惯性能量可部分地用来克服短时增长的阻力。显然 K_V 值愈大,发动机转速自额定值下降到最大转矩所对应的转速期间释放出的能量就愈大。K_V 值较大还有助于改善机器的操纵感,使驾驶员能及时觉察到工作阻力的增大,从而及时调整切土深度,避免发动机发生强制性熄火。然而,速度适应性系数 K_V 过大同样是不利的。此时,由于发动机转速下降过大,同样会降低发动机的输出功率并导致机器生产率的下降。

从燃料经济性观点来看,发动机适应变负荷工况的能力主要取决于比油耗曲线的形状。在变负荷工况下,机器在长期使用过程中,单位土方量的燃油消耗率不仅取决于最低比油耗或额定比油耗,而且也取决于整个比油耗曲线的平坦程度。因而作为发动机的经济性指标,除了最低比油耗和额定比油耗外,还应列入表征低油耗区域宽广程度的指标,后者对工程车辆来说,尤为重要。

发动机在变负荷工况下的燃料经济性,一般采用以功率为横坐标的调速特性(见图 8-3)来进行分析。

四、改善发动机动态特性的措施

(1)负荷波动对发动机动力性、经济性的影响,主要表现为两个方面:其一为发动机转速的波动将使平均转速 $\bar{n}_e$ 低于平均转矩匹配点 $\bar{M}_c$ 在调速外特性上所确定之转速值 n_z;其二,当平均阻力矩 $\bar{M}_c$ 工作点在调速外特性上配置过高时,发动机频频进入非调速段工作而使转速大幅度波动,同时引起平均转矩输出值 $\bar{M}_e$ 低于静态特性上与平均转速 $\bar{n}_e$ 相对应的转矩值 M'_e(图 8-34)。结果使其动力性和经济性指标恶化。

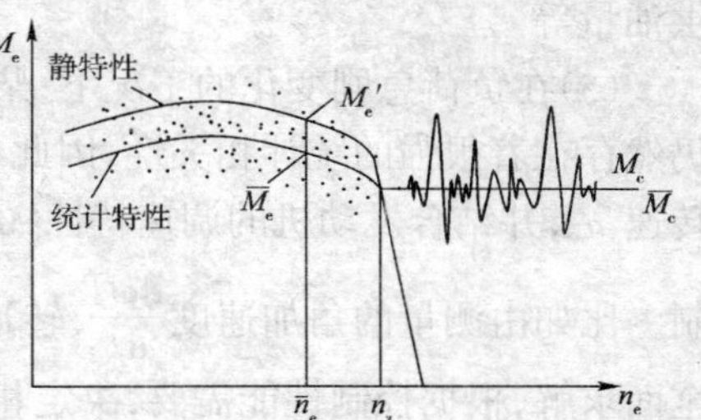

图 8-34 波动负荷的影响

(2)柴油机在动态工况下性能降低的根本原因在于发动机系统的飞轮惯量使转速滞后于转矩变化,以及调速系统的齿条位移滞后于转速变化,最终使驱动转矩滞后于阻力矩变化而产生转速波动。发动机的工作状态取决于驱动转矩 M_e、阻力矩 M_c 和惯量 J_e 之间的相互关系:$\frac{d\omega_e}{dt}=(M_e-M_c)/J_e$。从调速器自身特性看,负载波动频率增加,则齿条位移滞后增大,载荷频率达 1~3Hz 时,调速特性已大大恶化。但由于飞轮惯量的吸收过滤作用,使得负载高频成分并不作用于发动机系统,系统按平均负载工作,对系统起作用的以及需要调速器调节的主要是 1~3Hz 以下的低频成分。在调速区段,调速器为二阶系统,动态性能好,基本可以满足对动态负荷的调节作用。1~3Hz 以下的,特别是 1Hz 以下的作用在调速器转矩校正区段的动态负荷,由于得不到飞轮惯量的过滤吸收以及一阶调速系统的及时调节,使发动机性能恶化。

改善柴油机对动态负荷适应能力的方法主要有:

(1)合理配置动态负荷在发动机调速外特性上的工作点,使之有最高的平均输出功率。

(2)提高供油和调速系统的动态响应,进一步改善调速性能。现行有效的方法莫过于采用近些年来发展起来的电子调速供油装置,其速度检测和燃油供给的快速性、准确性是传统机械调速供油系统无法比拟的。这一装置尽管首先是从节能、提高排放水平角度开发的,但在解决柴油机动态性能方面同样有着巨大优势。

(3)更重要的是改善柴油机非调速段的形状,主要是提高转矩适应性系数 K_M($K_M=M_{emax}/M_{eH}$)值。考虑到冒烟界限的限制,可通过适当降低额定转矩标定值的方法来解决,或者干脆通过降低转矩负荷值在发动机调速特性上的配置来解决。

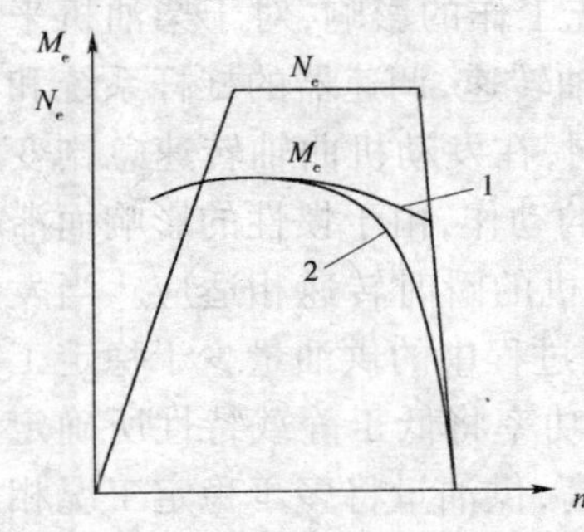

图 8-35 改良后的柴油机特性

(4)最完美的方法为将柴油机的非调速段特性也纳入调速控制中,如将图 8-35 曲线 1 变为曲线 2,将原调速和非调速段合并为一个非线性调节特性,这一新特性整体圆滑过渡,在波动负荷作用下不存在转速的剧烈波动,并且发动机在工作区间近似为等功率输出。这一方面的主要问题是寻求一种能同时快速、方便、准确地检测发动机在任一瞬时的转矩和转速值的方法,然后才能快速提供相应燃料来保持发动机转速的稳定。依靠单纯检测发动机转速值,通过转速增、减来相应调节供油量的传统方法本身就存在原理方面的不足,因为转速是滞后于转矩变化的参数,它们之间存在着动力系统的力—

加速度—速度过程。采用新兴的电子调速供油装置,以便准确快速地实现测速、供油只是解决这一问题的必要条件,重要的是还必须解决瞬时转矩的检测问题。而直接进行转矩的检测往往比较困难,因此寻求间接测量瞬时转矩的方法就非常重要,比如通过角加速度的测量等。此外,还应该建立发动机系统的动态模型,通过对模型的求解来计算应有的驱动转矩与供油量等。

(5)在负荷急剧变化的工况下,柴油机供油拉杆位移或 PT 供油泵压力与发动机转速之间仍然存在着很强的统计相关性,因此可以通过方便地检测供油拉杆位移 h(或 PT 泵压力 P)和转速 n_e,并结合发动机的调速特性 $M_e = f(h, n_e)$,来进行发动机的动态驱动转矩的预测与控制。比如由测量的角加速度$\frac{d\omega_e}{dt}$,转速 n_e、h 参数,可对发动机动态模型$\frac{d\omega_e}{dt} = (M_e - M_c)/J_e$全面求解,根据控制性能需要,决定相应的供油量,提高发动机在动态工况下的动力性和燃料经济性。

(6)在液力传动车辆上,发动机负荷波动相对于机械传动有所减小。但由于变矩器的穿透性以及车辆循环作业特点的影响,发动机的工况仍有较大波动。这种波动同样将导致发动机动力性、燃料经济性变坏。改进发动机和变矩器的匹配,利用变矩器的调节作用吸收一部分动态负荷,可提高发动机功率利用率。

(7)改善发动机的动态特性,主要是飞轮惯量与载荷特性的匹配,使之有效吸收高频段的载荷成分。

五、变负荷工况对发动机性能的影响及发动机动力性和经济性的评价指标

上述讨论,都是以发动机静载特性为依据的,把波动负荷下发动机功率利用不足看作是由于调速特性非线性造成的,与其他原因无关。然而,发动机在变负荷下工作时,曲轴转速的波动不利于发动机燃烧过程的形成和进展。进、排气过程中气流的惯性、发动机零件的热惯性以及供油和调速系统的惯性改变了发动机工作过程的合理结构。变负荷工况也影响润滑系统的正常工作,使发动机零件承受附加的动载荷作用,从而加大了发动机的机械损失。所有这些,最终都将使发动机动力性和经济性下降。

对柴油机来说,变负荷工况对柴油机工作过程的影响远不如对汽油机那样严重。这是因为柴油机没有节气门,因而进气行程中气流阻力受发动机速度工况的影响较小。其次,由于柴油机燃料采用内部混合的方式,因此充气系数本身对发动机动力性的影响,以及机件热惯性、燃料混合和燃烧对柴油机工作过程的影响均不像汽油机那样敏感。

因此,在上述诸方面的影响中,变负荷工况对燃料调节系统工作的影响,对于柴油机来说是最重要的。当发动机在稳定工况下运转时,对于每一种曲轴转速,调速器的杠杆系统和供油齿条的位置都有着完全确定的相应位置。与稳定工况不同,在发动机曲轴转速急剧变化的情况下,将引起调节系统严重失调。调速器和转矩校正器的动作,由于惯性的影响而滞后于转速的变化,因而使供油齿条的位置与供油量不能与发动机的瞬时转速相适应。当发动机制动时,供油量的增加慢于转速的下降,从而使发动机减速过程中的供油量少于稳定工况相应转速下的供油量。所以,在制动过程中发动机的转矩和功率将低于静载特性所确定的数值。在发动机加速的过程中,供油量的减少慢于转速的增高,供油量将多于稳定工况相应转速下的供油量。因此,在加速过程中发动机的转矩和功率将比静载特性所确定的数值略高。

图8-36是康明斯柴油机在突加突减负荷过程中所测得的转矩调速外特性。从图中可以看到，随着曲轴负荷的增大，发动机的实际转矩就越小，与它的静载特性数值（图中虚线）的差距越来越大；当发动机负荷逐渐减小时，其转矩则将大于它的静载特性数值。

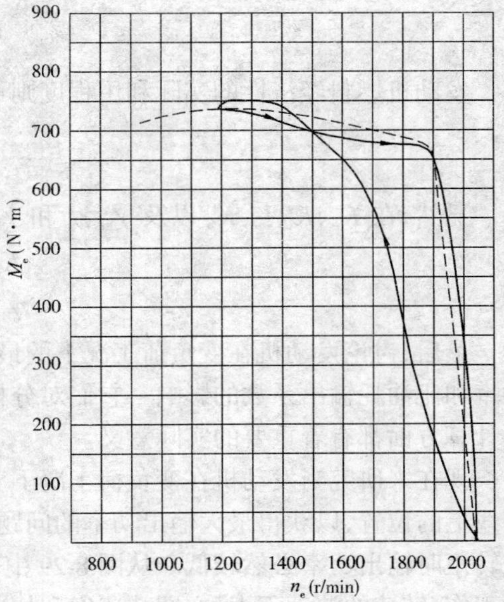

图8-36　康明斯柴油机突加突减负荷调速外特性

从以上讨论中可以清楚地看到，在变负荷工况下发动机的实际平均输出功率和平均比油耗会大大低于它们的额定指标。因此，就产生了如何评价在波动负荷情况下，发动机动力性和经济性的利用程度问题。通常，这种利用程度可用以下一些指标来衡量。

发动机的载荷系数（或称转矩载荷系数）K_Z，用发动机曲轴上的平均阻力矩 M_{eM} 与额定转矩 M_{eH} 之比来表示，亦即：

$$K_Z = \frac{M_{em}}{M_{eH}} \tag{8-4}$$

这一系数反映了发动机在变负荷工况下的平均负载程度。

发动机的功率利用系数 K_p 表明了发动机在变负荷工况下，从调速特性上显示出的功率利用程度，它可由下式表示：

$$K_P = \frac{N_{em}^s}{N_{eH}} \tag{8-5}$$

式中：N_{em}^s——发动机调速特性上与平均阻力矩 M_{em} 相应的发动机功率；

N_{eH}——发动机的额定功率。

发动机的燃油耗利用系数 γ_{ge}，表明了发动机在变负荷工况下，从调速特性上显示出的燃料经济性利用程度，它可由下式表示：

$$\gamma_{ge} = \frac{g_{em}^s}{g_{eH}} \tag{8-6}$$

式中：g_{em}^s——发动机调速特性上与平均阻力矩 M_{em} 相应的比油耗；

g_{eH}——发动机的额定比油耗。

发动机在变负荷工况下实际输出功率和比油耗偏离调速特性的程度，分别用发动机功率减小系数 K_P^s 和比油耗增加系数 γ_{ge}^s 来表示：

$$K_P^s = \frac{N_{em}}{N_{em}^s} \tag{8-7}$$

$$\gamma_{ge}^s = \frac{g_{em}}{g_{em}^s} \tag{8-8}$$

式中：N_{em}——发动机实际的平均输出功率；

g_{em}——发动机实际的比油耗。

发动机额定功率的实际利用程度用发动机功率输出系数 K_B 来评价，它等于发动机实际的平均输出功率 N_{em} 与额定功率 N_{eH} 之比：

$$K_B = \frac{N_{em}}{N_{eH}} \tag{8-9}$$

发动机燃料经济性的实际利用程度则可用发动机的比油耗输出系数 γ_B 来表示：

$$\gamma_B = \frac{g_{em}}{g_{eH}} \tag{8-10}$$

显然，在 K_p、K_P^s 与 K_B 以及 $\gamma_{ge}\gamma_{ge}^s$和 γ_B 之间存在着以下关系：

$$K_B = K_P^s \cdot K_P \tag{8-11}$$

$$\gamma_B = \gamma_{ge}^s \cdot \gamma_{ge} \tag{8-12}$$

最后，讨论发动机在变负荷工况下的最佳负载程度以及发动机转矩和速度适应性系数对功率和比油耗输出系数的影响。它们对分析发动机和底盘的合理匹配，以及在进行机器的牵引计算方面都有着重要的实际意义。

现在来研究当发动机在变负荷工况下工作时，应该如何配置发动机平均阻力矩在其特性曲线上的位置，以获得最大输出功率的问题。很显然，当平均阻力矩的工作点选择得远低于额定转矩时输出功率必然较低。从图 8-29 中可以看到，如果使平均阻力矩的工作点沿着调速区段工作，转速的波动不大(亦即减速度和加速度不大)，因而功率和转矩偏离调速特性的情况并不显著，实际的平均输出功率将随着发动机负载程度的增大而提高。但是当最大负荷超过发动机的额定转矩之后，由于在负荷循环中发动机有部分时间在非调速区段上工作，转速急剧起落，调速特性上平均输出功率的增长开始减慢。

这样，到一定程度时发动机的实际平均输出功率，必然随着发动机负载程度的提高而下降。由此可见，在变负荷工况下代表发动机负载程度的转矩载荷系数 K_Z，必然会有一个最佳值 K_{ZO}。在此最佳值的情况下，发动机的实际输出功率将最大。图 8-37 是发动机按推土机的负荷工况进行模拟试验所获得的结果。从图中可清楚地看到，随着发动机负载的增加，发动机

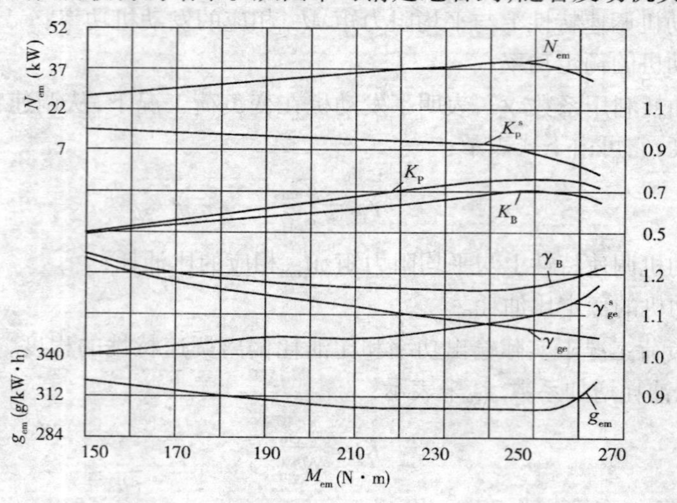

图 8-37 发动机按推土机负荷工况工作时 K_P、K_P^s、K_B、γ_{ge}、γ_{ge}^s、γ_B 随发动机转矩负载程度而变化的情况

的功率利用系数 K_P 开始时按正比例关系增大，功率减小系数 K_p^s下降甚少，因而，功率输出系数 K_B 和平均输出功率 N_{em}在这种情况下也随着 M_{em}之增大而增大。当 M_{em}增大至一定程度后，K_P 之增长开始变得平缓，而 K_P^s 的下降则愈加急剧，于是对应某一 K_Z 值可获得 K_B 和 N_{em} 之极大值。从图中还可以看到，当发动机具有最大输出功率时，发动机的平均输出比油耗 g_{em}

和输出比油耗系数也接近它们的最佳值。

以上的讨论进一步说明，发动机只有在稳定工况下工作时才能输出其最大功率(额定功率)，而平均阻力矩的工作点才能配置得等于其额定转矩。当阻力矩发生波动时，发动机的最大平均输出功率总是小于它的额定功率，并且只有在适当配置平均阻力矩的工作点时，才能获得这一最大值(当发动机负载程度为 K_{ZO}时)。随着阻力矩波动程度的加剧，发动机的最佳转矩载荷系数 K_{ZO}以及最大的平均输出功率都将随之减小。

如前所述，改善发动机适应变负荷工况能力的有效措施是提高它的转矩适应系数。图8-38的试验结果进一步说明了发动机在按推土机的负荷工况工作时，最佳转矩载荷系数 K_{ZO}、最佳输出功率系数 K_{BO}、最佳输出比油耗系数 γ_{BO}随转矩适应性系数 K_M 的增大而变化的情况。从图中可以看出，当转矩适应性系数 K_M 达到 1.35～1.40 时，发动机的最佳输出功率系数即可达到 0.90 以上。

图 8-39 则表示了系数 K_{ZO}、K_{BO}以及 γ_{BO}与速度适应性系数 K_V 之间的关系。从图中可以看出，对推土机的负荷工况来说，K_V 最适宜的范围在 1.3～1.55 之间。

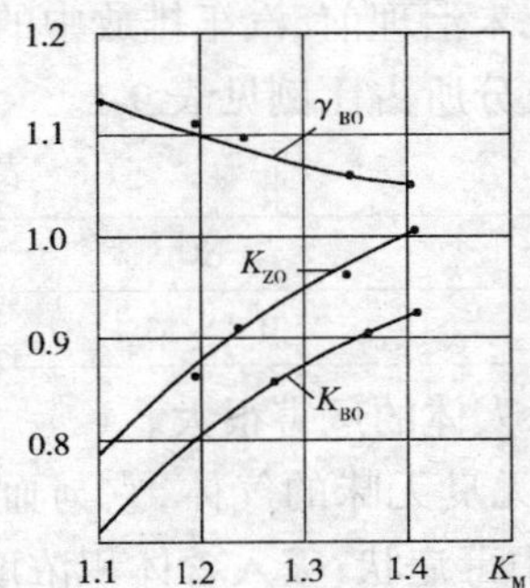

图 8-38　发动机转矩适应性系数对 K_{ZO}、K_{BO}、γ_{BO}之影响

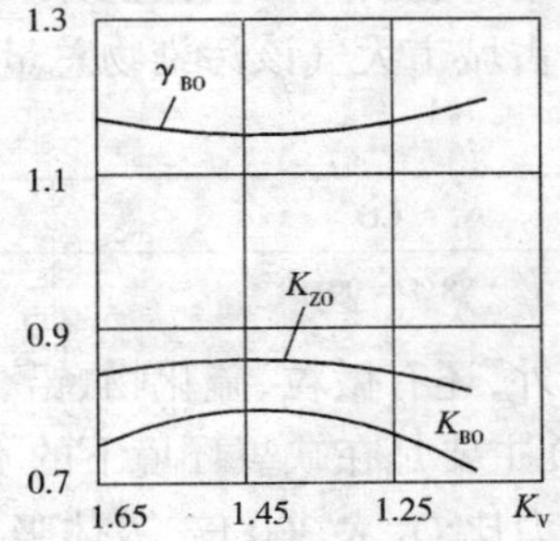

图 8-39　发动机速度适应性对系数对 K_{ZO}、K_{BO}、γ_{BO}之影响

表 8-4 给出了在各种不同的转矩适应性系数 K_M 的情况下，各类工程机械系数 K_{ZO}、K_{BO}和 γ_{BO}的参考数据。

各类工程机械的 K_{zp}、K_{BO}和 γ_{BO}　　表 8-4

K_M	$K_M<1.15$			$1.15<K_M<1.30$			$K_M>1.30$		
机器类型＼系数	K_{ZO}	K_{BO}	γ_{BO}	K_{ZO}	K_{BO}	γ_{BO}	K_{BO}	K_{BO}	γ_{BO}
履带式推土机	0.76	0.74	1.14	0.87	0.83	1.10	1.00	0.93	1.06
正铲单斗挖掘机	0.80	0.76	1.11	0.90	0.86	1.08	1.00	0.93	1.05
自行式铲掘机	0.92	0.86	1.08	–	–	–	–	–	–
履带式装载机	0.94	0.86	–	–	–	–	–	–	–
轮式装载机	0.98	0.94	1.06	0.99	0.98	1.03	1.00	0.98	1.02
自动平地机	0.93	0.87	1.08	0.97	0.94	1.05	1.00	0.97	1.02
压路机(静作用)	1.10	–	–	–	–	–	–	–	–
路铣机械	1.00	1.00	1.00	–	–	–	–	–	–
路拌机械	1.00	1.00	1.00	–	–	–	–	–	–
振动压路机	1.00	1.00	1.00	–	–	–	–	–	–
沥青混凝土摊铺机	1.00	1.00	1.00	–	–	–	–	–	–

第九章 发动机的排放污染与噪声

环境保护问题是当今人类所面临的一个急待解决的大问题,发动机的排放污染和噪声又是一个巨大的环境污染源。本章主要简要介绍发动机排放污染的种类、产生条件、发动机噪声的来源及测试方法,为发动机的排放污染和噪声的控制提供一定的法则。

第一节 概 述

环境保护与节能是当今车用动力技术发展的两个主要着眼点。发动机的排放污染是城市大气污染的主要来源。据世界一些主要大城市的统计表明,在未治理前,汽车排放中的主要有害成分占城市大气该污染物总量中的比例是很高的,各有害成分所占比例见表 9-1。

未治理前,各有害成分所占比例　　表 9-1

CO	HC	NO_x
88%~99%	63%~95%	31%~53%

此外,还有微粒、硫化物、铅、磷及醛等污染,这些污染物对人体的危害很大。

CO 主要是在缺氧环境下的不完全燃烧产物,是一种无色无臭无味的气体,它与血色素的结合能力比 O_2 大 300 倍,人体吸入微量,将破坏造血功能,呈中毒症状;吸入含体积浓度 0.3% 的 CO 气体,则可在 30min 内使人致命。

NO_x 主要是指 NO 和 NO_2,发生在与燃料燃烧反应相伴的高温与富氧的环境中,NO 的毒性比 NO_2 小,但 NO 在大气中缓慢氧化形成 NO_2。NO_2 是褐色有刺激性的气体,空气所含 $(10\sim20)\times10^{-6}$ 可刺激口腔及鼻道黏膜;$(50\sim300)\times10^{-6}$ 则头痛出汗、损伤肺组织;在大于 500×10^{-6} 时,几分钟就可使人出现肺浮肿而死亡。

HC 包括未燃和未完全燃烧的燃油、润滑油及其裂解产物和部分氧化产物,如多环芳香烃、醛、酮、酸等在内的 200 多种成分。HC 中的大部分对人体健康不产生直接影响,但其中的某些醛类和多环芳香烃对人体有严重危害,如甲醛等损伤眼睛、上呼吸道及中枢神经;3·4 苯并芘是一种强致癌物质。另外,HC 可在阳光作用下与 NO_x 进行光化学反应,形成一种毒性较大的光化学烟雾。其中最主要的产物是臭氧 O_3,它具有很强的氧化力和特殊的臭味,使橡胶裂开、植物受损、可见度降低,并刺激眼睛及咽喉。

排气中的微粒是指经空气稀释后的排气,它是在低于 52℃下,在涂有聚四氟乙烯的玻璃纤维滤纸上沉积的除水以外的物质,如柴油机的炭烟粒子,汽油机的铅及硫酸盐等。当温度低于 500℃时,这些微粒被有吸附性和凝聚性的碳氢化合物所覆盖,这些覆盖物可通过溶解和加热的方法分离掉,又称为微粒的可溶性有机成分。可溶性有机成分是微粒威胁人体健康的主要因素,特别是柴油机排出的微粒要比汽油机高出数十倍,所以要求对排气中的微粒进行限制。限制微粒法规的实施,已成为柴油机与汽油机竞争中的一个最主要的弱点。

汽车有害排放物对城市大气污染构成严重影响,因此制定法规对其进行控制十分必要。

不过影响有害排放物生成的因素很复杂，特别是由于汽油机与柴油机在燃烧机理上的差异，使这两类机型的有害排放物的生成显示出不同的特点。

为了评定发动机的排放特性，掌握排放法规中的有关内容，其中将用到下列排放指标。

1. 排放物的浓度 C

在一定排气容积中，有害排放物所占的容积(或质量)比例，称为排放物的浓度。通常表示浓度的方法有：10^{-6}、%、或 mg/m^3 等，浓度较大时用%，而浓度较小时用 10^{-6}。

规定的有害排放物的限制浓度，称为有害排放物的容许浓度$[C]$。各国排放法规对有害排放物的容许浓度都做了规定。

2. 排放物的质量排放量 B

只用排气中有害排放物的浓度，还不能表示其对空气污染的严重程度，例如发动机空转时，虽然排出 CO 的浓度很大，但由于排气总量不大，所以有害排放物的总量也不大，因此需要用单位时间内(或一次试验)有害排放物的质量排放量 B 来衡量，单位是 g/h(或 g/试验)。

$$B = CQ_r \tag{9-1}$$

式中：C——排气中的排放物浓度，g/m^3；

Q_r——发动机排出的废气量，m^3/h 或 m^3/试验。

3. 排放物的比排放量 b

每单位功率每小时排出污染物的质量称为比排放量，单位为 g/(kW·h)。

$$b = \frac{B}{N_e} \tag{9-2}$$

式中：N_e——发动机有效功率，kW。

第二节　有害排放物的生成

一、氮氧化物

发动机排出的氮氧化物(NO_x)主要是 NO，NO_2 排出量较少。

NO 的产生。可以认为，氮的氧化反应发生在燃料燃烧反应所形成的环境中，其主导反应过程是：

$$O + N_2 \underset{\text{逆向}}{\overset{\text{正向}}{\rightleftharpoons}} NO + N \tag{9-3}$$

$$N + O_2 \underset{\text{逆向}}{\overset{\text{正向}}{\rightleftharpoons}} NO + O \tag{9-4}$$

促使上述反应正向进行而生成 NO 的因素有三个。

(1)温度。高温时，NO 的平衡浓度高，生成速率也大。在氧充足时，温度是生成 NO 的重要因素。

(2)氧的浓度。在高温条件下，氧的浓度是生成 NO 的重要因素。在氧浓度低时，即使温度高，NO 的生成也受到抑制。

(3)反应滞留时间。由于 NO 的生成反应比燃烧反应慢，所以即使在高温下，如果反应停留的时间短，则 NO 的生成量也受到限制。

不过,在实际发动机中,因为燃烧过程经历的时间极短(毫秒级),温度上升和下降都很迅速,尽管 NO 的生成(正向反应)没有达到平衡浓度,可是 NO 分解(逆向反应)所需的时间也不足,从而使缸内 NO 的实际浓度由于逆向反应速率太低而几乎没有下降。这种反应"冻结"使实际排出 NO 的浓度大大高于排气温度相对应的平衡浓度。在柴油机中发生冻结,比在汽油机中更快。

二、一氧化碳

一氧化碳(CO)是碳氢燃料在燃烧过程中生成的重要中间产物。CO 生成的机理比较复杂,但一般认为,燃料分子(RH)经高温氧化生成 CO 要经历如下步骤:

$$RH \rightarrow R \rightarrow RO_2 \rightarrow RCHO \rightarrow RCO \rightarrow CO$$

这里 R 代表碳氢根。CO 在火焰中及火焰后,以缓慢的速率氧化成 CO_2。

从化学当量的角度看,CO 的生成率主要受混合气浓度的影响。对于浓混合气而言($a<1$),没有足够的氧使燃油中的碳完全燃烧成 CO_2。不过,即使稀混合气中($a>1$),由于燃烧产物 CO_2 及 H_2O 的高温离解反应,也可能生成一部分 CO。在膨胀过程后期,随着燃烧气体温度的降低,CO 的氧化过程也有冻结现象,不过 CO 的冻结温度比 NO 低。

三、未燃碳氢化合物

未燃碳氢化合物(HC)的生成与排出有三个渠道,其中 HC 总量的 60% 以上由废气(尾气)排出,另外的 25% 来自曲轴箱窜气,从油箱、化油器等处油蒸气漏泄占 15% ~ 20%。

在燃烧过程中 HC 的生成,主要有以下途径:

(1)在压缩与燃烧过程中,汽缸内压力升高,把一部分未燃混合气压入与燃烧室相通的狭缝(例如:活塞顶环上面和汽缸壁形成的狭缝)。由于燃烧时火焰不能进入狭缝,因此不能完全燃烧,在膨胀和排气行程中,在汽缸压力降低后,以未燃 HC 的形式进入排气。这是生成 HC 的主要来源,被称为缝隙效应。

(2)相对冷态的汽缸壁对火焰产生的热与活化基物质起着吸收的作用,火焰在汽缸壁表面产生激冷与淬熄现象,于是在离汽缸壁小于 0.1mm 的薄层内留下未燃 HC。

(3)存在于汽缸壁、活塞顶以及汽缸盖底面上的一层润滑油膜,有可能在燃烧前、后吸收或放出燃料中的 HC 成分。

(4)在发动机做加、减速等瞬态工况运行时,点火定时、空燃比以及排气再循环值均不处于最佳状态,有可能使燃烧品质恶化,使 HC 排放增加。特别是在减速及怠速工况,HC 排放量很高。

四、微粒

柴油机排气中微粒的主要成分是炭烟粒子。炭烟粒子形成过程见图 9-1。它是燃料在燃烧过程中经历了一系列物理化学变化后形成的。首先燃料分子在高温中裂解或氧化裂解,所生成的裂解产物主要是乙炔,乙炔是生成炭烟的重要中间物,接着形成炭烟核心。以上为成核阶段,成核后同时经历表面增长和凝聚两个过程。当炭烟粒子长大到某一尺寸时,增长速度急剧下降。以后便以集聚方式形成链状结构物。从核的萌发到成长、集聚这一系列生成过程,都伴随着炭烟的氧化。因此,排气管排出的炭烟浓度是炭烟生成和氧化相竞争的结果。

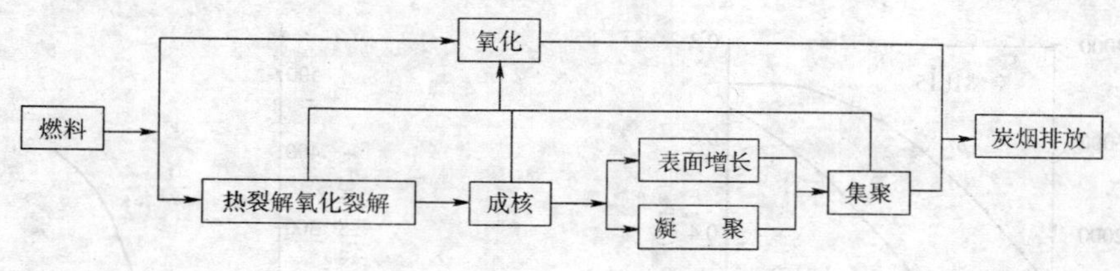

图 9-1　燃烧系统中炭烟粒子的形成过程

第三节　影响汽油机有害排放物生成的主要因素

影响汽油机有害排放物生成的因素很多,其中与发动机运转有关的主要因素如下所述。

一、混合气成分

正如第三、四章所述,汽油机是一种预混燃烧,它依靠电火花进行外源点火,火核形成以后,以火焰传播为特征,其可燃混合气浓度范围比较窄,而且在一些工况下(如怠速、满负荷等)经常处于浓混合气工作,因而混合气成分是影响排放的最主要因素。从图 9-2 可以看到,由于 CO 是一种缺氧条件下的不完全燃烧产物,随着空燃比 *AF* 增加,CO 浓度逐渐下降;在大于理论 *AF* 以后,CO 浓度已经很低了。

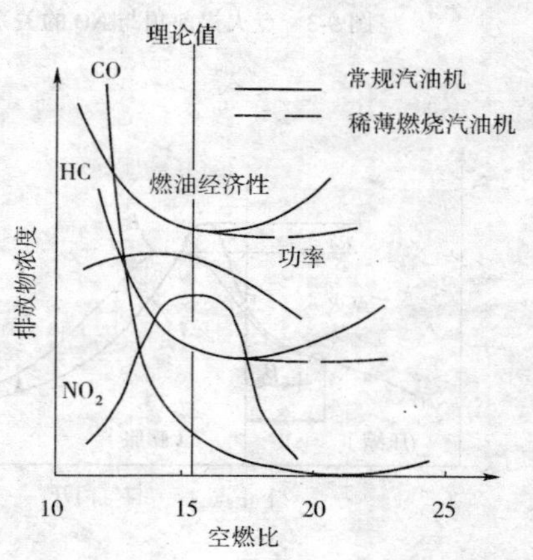

图 9-2　有害排放物浓度与 AF 的关系

同时看到,NO_x 浓度两头低,中间高,NO 浓度峰值出现在理论 *AF* 较稀的一侧,反映出高的 NO 生成率必须兼具高温、富氧两个条件,缺一不可。

HC 的走向则是两头高,中间低,与燃油消耗率的变化趋势基本一致。当浓混合气逐渐变稀,在缝隙容积与激冷层中混合气燃料比例减少,因此 HC 量减少。处于最佳燃烧的 *AF* 范围内,HC 及油耗均为最低。但当混合气过稀,燃烧因此失火,致使 HC 及油耗又重新回升。

从图 9-2 中的虚线看出,为了兼顾降低排放(减少 CO、HC、NO)与节能(减少油耗),最有效的措施是组织好汽油机在较大 *AF*(例如 $AF > 20$)下的稀薄燃烧。组织稀薄燃烧还有些特定的困难,但这是汽油机燃烧组织的一个重要方向。

二、点火正时

减小点火提前角对降低 NO 及 HC 均有利(图 9-3 及图 9-4),但以牺牲动力性为代价。从示功图上看出(图 9-5),减小点火提前角,不仅降低燃烧最高温度、减少燃烧反应滞留时间,对降低 NO 十分有利;而且由于点火推迟,膨胀时的温度及排气温度均上升,这对降低 HC 也很有利。

三、吸入废气量的影响

为了抑制燃烧的最高温度,将一部分排气回送至燃烧室,将有利于抑制 NO 的生成。由图 9-6 看出,随着吸入废气量的增大,NO 浓度逐渐下降,但燃烧的有效性降低,动力性变差。

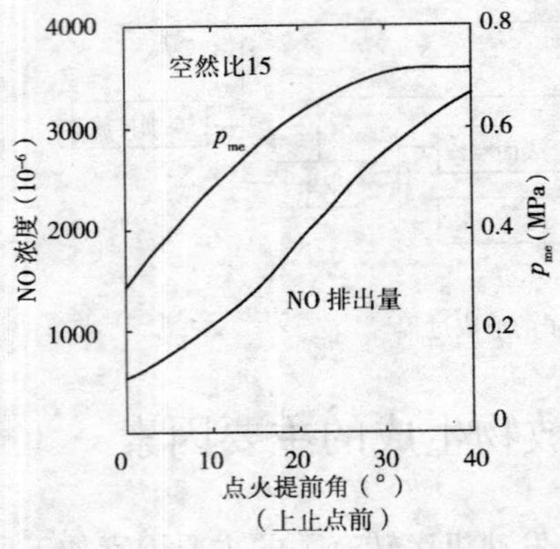

图 9-3　点火提前角与 NO 的关系

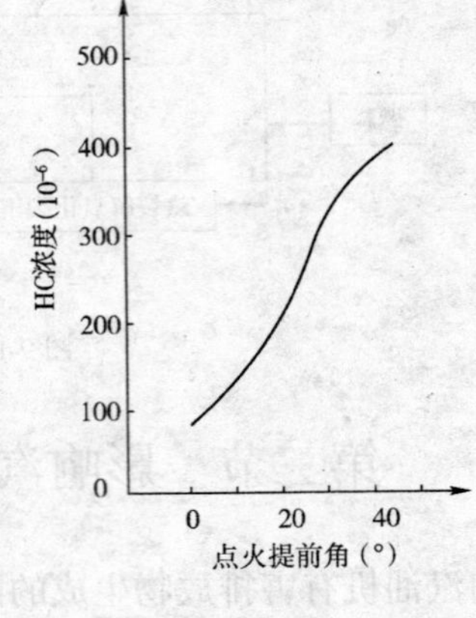

图 9-4　点火提前角与 HC 的关系

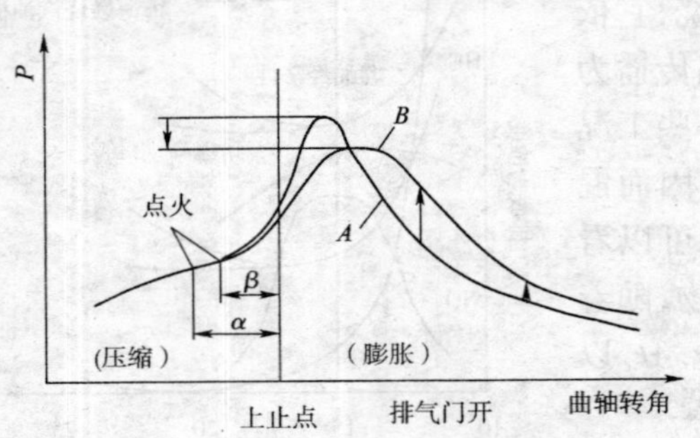

图 9-5　不同点火提前角的示功图

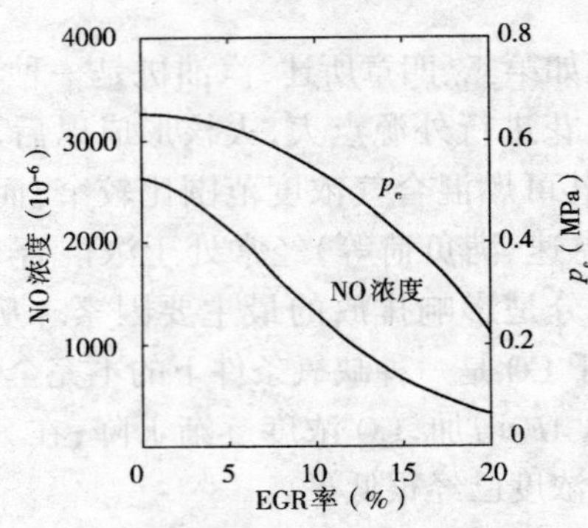

图 9-6　吸入废气量对 NO 生成及动力性的影响

四、工况

从汽油排放特性图(图 9-7)及表 9-2 看出,对于不同的运行工况,各种有害排放物的差异很大。例如,怠速与减速工况,是 HC 生成的主要工况。在怠速工况下,燃烧环境温度比较低,缸内残余废气量比较大,混合气比较浓,致使燃烧恶化,HC 排放浓度增加;在减速工况下,很高的进气管真空度使进气管内沉积的燃料油膜大量蒸发,这是 HC 增加的重要原因。

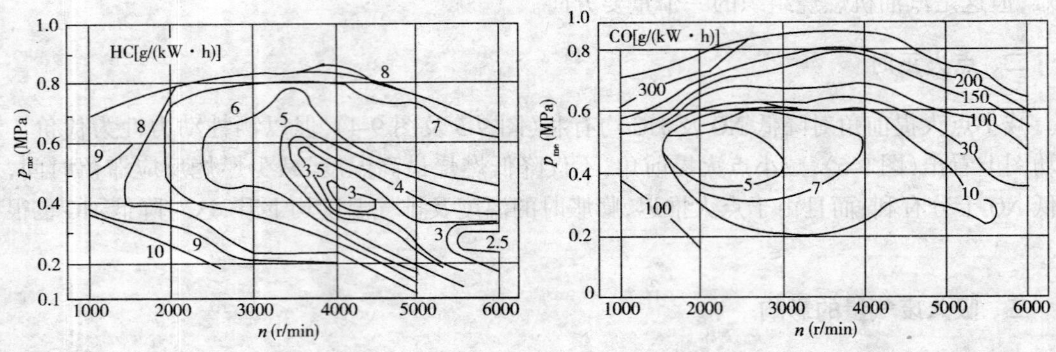

图 9-7　HC 及 CO 的排放特性(汽油机)

不同工况下的排气成分　　表 9-2

排气成分	怠　速	加　速	定　速	减　速
HC(ppm) (以正已烷计算)	800 3000 ~ 10000	540 300 ~ 800	485 250 ~ 550	5000 3000 ~ 12000
NO_x(ppm) (以 NO_2 计算)	23 10 ~ 50	1543 1000 ~ 4000	1270 1000 ~ 3000	6 5 ~ 50
CO(%)	4.9	1.8	1.7	3.4
CO_2(%)	10.2	12.1	12.4	6.0

第四节　影响柴油机有害排放物生成的主要因素

一、柴油机燃烧及排放物生成的特点

柴油机燃烧是一种多相非均匀混合物的不稳定的燃烧过程,从喷雾过程、油束形成、混合气的浓度与分布以及燃烧室形式等,对排放物生成均有复杂的影响。由于油束在燃烧室空间的浓度分布、着火部位及局部温度各处都不一样,可以对油束人为地分区并将其与排放物生成的关系做一说明。

如图 5-7 所示,当油束喷入有进气涡流的燃烧室中时,由于油雾及油蒸气在空间浓度分布不同,可大致分为稀熄火区、稀火焰区、油束心部、油束尾部和后喷部以及壁面油膜,从油束边缘到油束核心部分,局部空燃比可从无穷大变到零。根据负荷不同,各区排放物生成的性质也不一样。

未燃 HC:在低负荷时,由于喷油量少,混合气稀,缸内温度低,HC 主要产生在稀熄火区;在高负荷时,混合气浓,HC 主要产生在油束心部、油束尾部和后喷部及壁面油膜处。

CO:低负荷时,缸内温度低,部分燃油难以氧化形成 CO_2,主要在稀熄火区及稀火焰区的交界面上生成 CO;高负荷时,在油束心部、油束尾部及后喷部,因局部缺氧而产生 CO。

NO_x:在燃烧完全、供氧充分及温度较高的稀火焰区及油束心部产生较多。

炭烟:高负荷时,在油束心部、油束尾部和后喷部的氧浓度低,气体温度高,燃油分子容易发生高温裂解而形成炭烟。

醛类:主要在稀熄火区,由于低温氧化而产生醛类中间产物。

二、混合气成分

从宏观上讲,柴油机在运转中总有一定数量的过量空气,加上柴油蒸发性比汽油小,因此柴油机的 HC 及 CO 排放浓度一般比汽油机低得多(图 9-8)。但在接近满负荷时(*AF* 减小),CO 浓度骤增。

如图 9-8 所示,NO 生成率最高处仍出现油量较大的高负荷工况。与汽油机不同的是,柴油机 NO_2 的生成浓度较高。NO_2 浓度随 *AF* 增加而减少。

柴油机排气中有炭烟排出,随着混合气变浓,排烟浓度增多。

三、喷油时刻

延迟喷油是降低 NO_x 的主要措施之一。如图 9-9 所示,延迟喷油可减少 NO 的生成,但减

小喷油提前角将导致燃烧变差，最高爆发压力降低，因而使油耗及排气烟度增加。为了在延迟喷油以后燃烧不致恶化，加强缸内气流运动、促进混合气形成、提高喷油速率以及改善喷雾质量是很有必要的。实践证明，延迟喷油的同时提高喷油速率，要比单纯延迟喷油定时的效果好。在各种工况下，NO 排放浓度都随喷油速率的增加而降低，CO 浓度亦随喷油速率的增加而降低，HC 的生成量则变化不大。

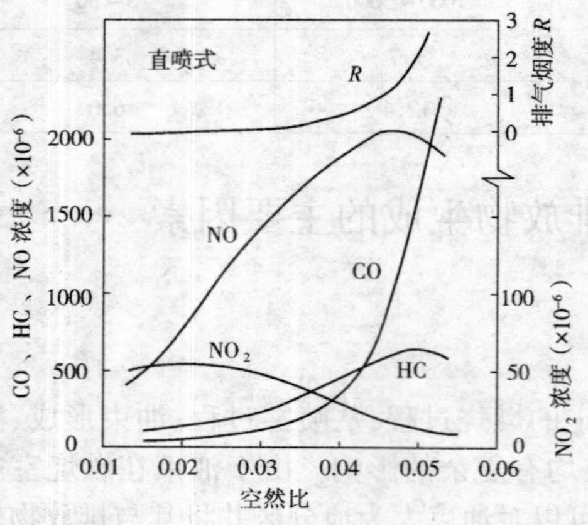

图 9-8　柴油机的混合气成分与排放的关系　　　　图 9-9　喷油定时对排放的影响

四、燃烧室类型

图 9-10、图 9-11 及图 9-12 为直喷式及分隔室式两类燃烧室的排放特性。

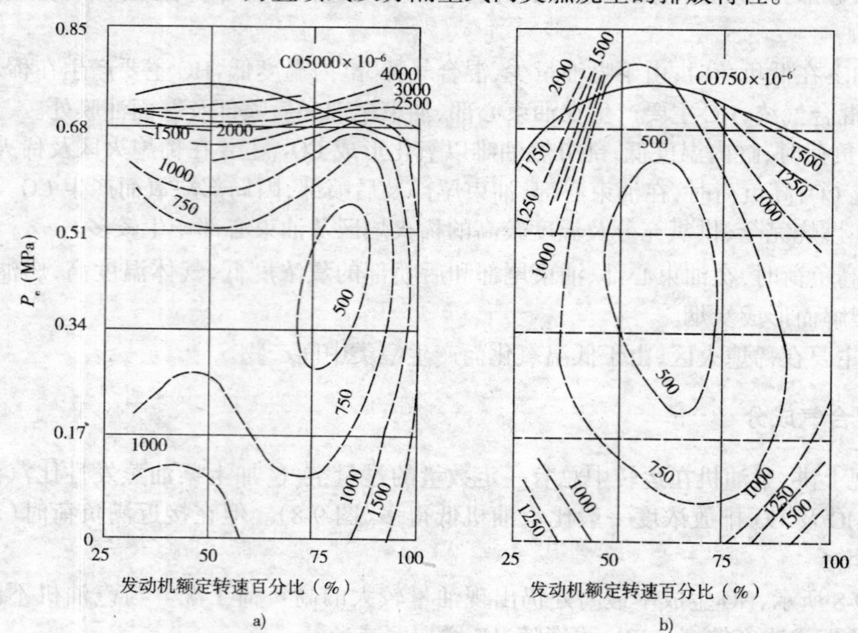

图 9-10　两类燃烧室的 CO 排放特性

a)直喷式；b)分隔式

表 9-3 为两类燃烧室有害排放量的比较。

由排放特性及表 9-2 可知：分隔式燃烧室生成 NO_2、CO、HC 和炭烟的排放浓度均低于直喷

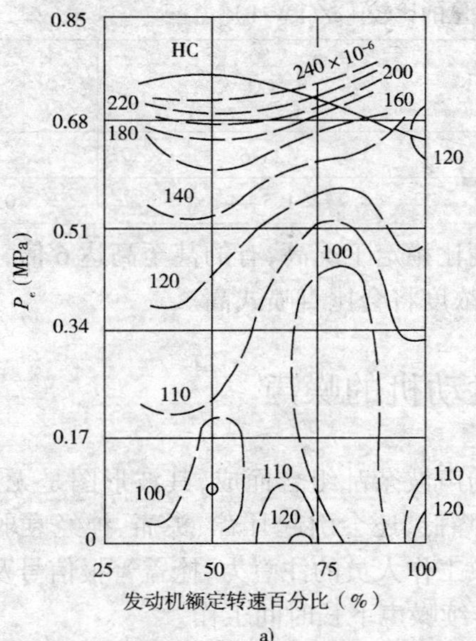

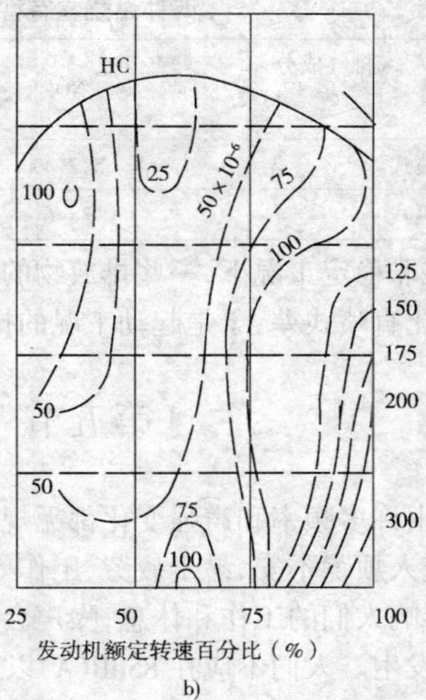

图 9-11　两类燃烧室的 HC 排放特性

a)直喷式；b)分隔式

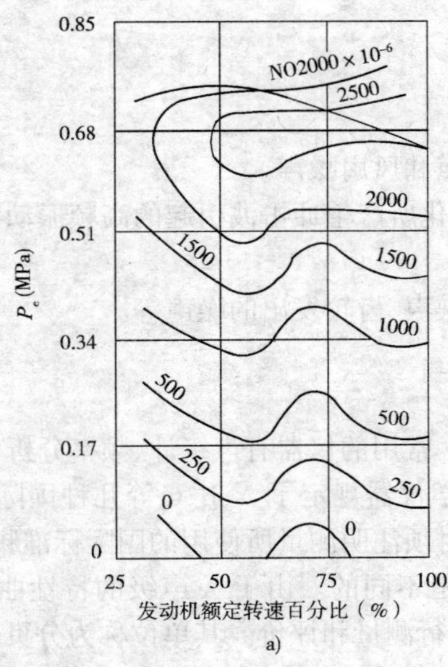

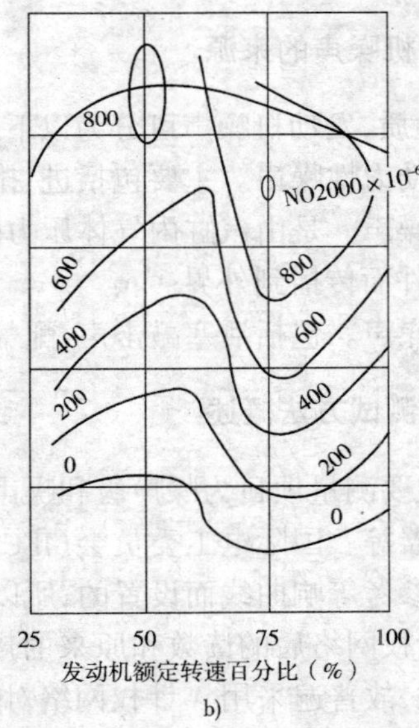

图 9-12　两类燃烧室的 NO 排放特性

a)直喷式；b)分隔式

式的，特别是 NO_x 排放浓度一般比直喷式燃烧的低 50%左右。分隔式燃烧室排放低的原因是，这种燃烧室的燃烧及排放物的生成分两个阶段进行。在喷油开始和燃烧初期，副燃烧室的空燃比较小，氧浓度较低，燃料不可能燃烧完全，从而形成较多的 CO 及未燃烃。副燃烧室在着火后温度较高，但氧浓度低，对生成 NO_x 仍有不利的影响。主燃烧室内有充足的新鲜空气，使来自副燃烧室的 CO 及 HC 进一步氧化。高温燃气进入主燃烧室后，温度有所下降，抑制了 NO_x 的生成。

两种燃烧室有害排放量的比较［g/(kW·h)］ 表 9-3

燃烧室类型＼排气成分	NO_x	CO	HC
直喷式	5.2～9	2～6	1.1～3
分隔式	3～6	1.5～4	0.4～1.5

然而，在非稳定工况下，一些排放物的浓度比稳定工况高，有的甚至高达 6 倍，分隔式燃烧室起动性能比直喷式差，于是起动工况的排放浓度将会比直喷式高。

第五节 发动机的噪声

噪声是由许多频率和声强变化都无规律的声波杂乱组合而成，其波形图是无规则非周期性的，噪声使人烦躁不安、易于疲劳、工作效率降低，还会引起耳聋、头痛、神经衰弱、高血压及心脏病等，影响人们的工作和休息；噪声会分散工作人员的注意力，掩盖警报信号及呼喊，导致意外事故的发生。人们不应在 85dB(A)以上连续噪声下长时间工作。

由发动机驱动的各种车辆和工作机械，是造成城市噪声污染的主要来源之一。发动机噪声的大小，已成为评价发动机性能的重要指标之一。为了了解和分析发动机产生的噪声，对噪声的测量也是一项非常重要的工作。

一、发动机噪声的来源

按噪声性质，发动机噪声可分为以下三类：

(1)气体动力性噪声。主要包括进、排气噪声和风扇噪声。

(2)燃烧噪声。是由汽缸内气体压力剧烈变化所产生冲击波引起的高频振动，通过缸套缸盖、机体等构件而传播到外界。

(3)机械噪声。包括活塞敲击声、配气机构噪声、齿轮发出的噪声等。

二、噪声测试方法概述

噪声的主要测量项目为噪声级和噪声频谱。常用的仪器有声级计、频率分析仪、自动记录仪、磁带记录器等。国际电工委员会(IEC)对声学仪器规定了 A、B、C 等几种国际标准频率计权网络，它是参考等响曲线而设置的，所以测量时须注明测量所使用的国际标准频率计权网络的名称。经计权网络后的读数和原来的声压级是不同的。由于 A 声级的特性曲线接近于人耳的听感特性，故普遍采用 A 计权网络对噪声进行测量和评价。其单位称为分贝(A)，记作 L_P(A)或 dB(A)。一些声源的 A 声级可参看表 9-4。

发动机噪声测量一般包括整机噪声的测量和为了改进某一部件(如研究排气噪声的大小与消声器的关系等)进行的测量(如进、排气噪声和其他噪声的测定等)。两者的测量方法是各不相同的，前者必须在发动机周围几个点上进行测量，必须考虑测量场所、测量表面和测点布置等问题。同一台发动机，因其安装场所不同，其噪声的测量值也有所差别，此外还要注意其他机械所产生的噪声的影响；后者必须考虑采用能将被研究部件的噪声从其他部件所产生的噪声中分离出来的测量方法。

噪声测量一般以发动机在标定工况时的噪声为主，待工况稳定后方可进行。非标定工况的测量要加以说明。

一些声源的声压和声级　　表 9-4

声源(或环境)	声压(Pa)	A 声级[dB(A)]
静夜、安静住宅	0.0002 ~ 0.002	20 ~ 40
办公室内、家用电冰箱	0.002 ~ 0.2	40 ~ 60
普通谈话声、家用洗衣机	0.02 ~ 0.07	60 ~ 70
城市街道两侧、小轿车	0.07 ~ 0.8	70 ~ 80
普通车床、重型汽车	0.2 ~ 0.7	80 ~ 90
汽油机、中小型柴油机、鼓风机	0.7 ~ 7	90 ~ 110
大型柴油机、进排气噪声	7 ~ 70	110 ~ 130
喷气式飞机、大炮	70 ~ 700	130 ~ 150

注:测点距声源一般为 1m;谈话声为 0.3m;汽车为 7.5m;大炮等为 25m 以外。

对于通常的现场噪声测量,主要是用声级计测量 A 计权声压级 $L_P(A)$,读取 10s 内声压级的平均值,有时也测取 C 计权声压级作参考。必要时选取几个特征点用倍频程或 1/3 倍频程滤波器分析声压级频谱。评价声源还要计算噪声功率级 $L_W(A)$。

在通常的现场测量中,由于声源多,房间大小又有一定的限度,进行测量时应将传声器尽量接近发动机的辐射面,使所测噪声源的直达声场足够强,其他声源和反射声的干扰较小。但也不可离发动机表面太近,以免因声场不稳定而测不准。测量时,尽量避免仪器(尤其是传声器)受气流、电磁场、振动、温度等影响。在室外测量时如风速较高,应在传声器上加装风罩。

参考文献

[1] 周一鸣、林继淦．汽车拖拉机学：发动机原理．北京：中国农业大学出版社，1998.
[2] 董敬、庄志、常思勤．汽车拖拉机发动机(第三版)．北京：机械工业出版社，2000.
[3] 陈培陵．汽车发动机原理．北京：人民交通出版社，1999.
[4] 倪计民．汽车内燃机原理．上海：同济大学出版社，1997.
[5] 宋守信．内燃机增压技术．上海：同济大学出版社，1993.
[6] 王福民．车用柴油机燃烧系统．北京：兵器工业出版社，1989.
[7] 李春明．汽车发动机燃油喷射技术．北京：北京理工大学出版社，2002.
[8] 孙军，张华葆．汽车发动机原理．合肥：安徽科学技术出版社，2001.
[9] 车胜创．奥迪系列轿车维修技术．济南：山东科学技术出版社，2000.
[10] 陈新轩，展朝勇，郑忠敏．现代工程机械发动机与底盘构造．北京：人民交通出版社，2002.
[11] 孙祖望，孙树仁，等．履带推土机牵引动力学的试验研究．工程机械，1983.2:24-32.
[12] 宋玉中，诸文龙，等．轮式装载机动态性能试验研究．工程机械，1987(1):21-25.
[13] 西安公路学院．履带式推土机牵引动力学及试验方法研究报告．科学技术报告84-70-1，1984.12.
[14] 西安公路学院．推土机动态性能测试的非平稳随机数据模型和处理方法．科学技术报告84-70-3，1984.12.
[15] 孙祖望．牵引动力学讲义．西安：西安公路学院，1988.
[16] 姚怀新，张志友．推土机载荷自动调节系统．西安公路交通大学学报，1995(9):1-4.
[17] 孙祖望，张义甫，等．推土机动态性能试验的非平稳随机数据模型和处理方法．工程机械，1988(10):22-28.
[18] 西安公路学院．履带式推土机牵引动力学及试验方法研究报告．科学技术报告84-70-1，1984.12.
[19] 西安公路学院．推土机动态性能测试的非平稳随机数据模型和处理方法．科学技术报告84-70-3，1984.12
[20] 西安公路学院．推土机动态性能试验与参数测试方法．科学技术报告84-70-2，1984.12.
[21] 吴永平．机械调速柴油机动态过程研究[J]．江苏大学学报(自然科学版)，2002(5):60-62.
[22] 西安公路学院．推土机动态性能的评价方法．科学技术报告84-70-4，1984.12.
[23] 付天益．DM－1型动态模拟加载测功器的研制[J]．内燃机工程，1990(3):10-12.
[24] 李太杰．工程机械底盘理论与性能．北京：人民交通出版社，1989.
[25] 姚怀新．两类工程车辆的特点及其液压传动与控制分析．筑路机械与施工机械化，2002.2:24-25.
[26] 姚怀新．行走机械液压传动与控制．北京：人民交通出版社，2003.
[27] 孙祖望，孙树仁，等．履带推土机牵引动力学的试验研究．工程机械，1983.2:24-32.
[28] 孙祖望，孙树仁，等．铲土运输机械动态牵引试验方法．西安公路学院学报，1983.2:70-89.
[29] 孙祖望，朱锦，等．机械传动式工业履带拖拉机总体参数中有关牵引性能的合理匹配．工

程机械,1977.6:30-39.
[30] 张云龙,诸文农,等.装载机驱动桥半轴随机载荷分析及其载荷谱编制方法探讨.工程机械,1988(8):19-23.
[31] 小宫山邦彦.推土機動力學.小松技报,第 28 卷 No2,1982.
[32] 佐藤和荣.建设機械車輌のツミェし-ツョン解析(第 1 报).小松技报,第 23 卷 No2,1977.
[33] 孙祖望,张义甫,等.推土机动态性能试验的非平稳随机数据模型和处理方法.工程机械,1988(10):22-28.
[34] 刘永长.内燃机原理.华中理工大学出版社,1992.
[35] IVECO.NEF ENGINE BUSINESS UNIT.Italy,2003.
[36] IVECO.CURSOR ENGINE BUSINESS UNIT.Italy,2003.
[37] 姚怀新,张志友.推土机载荷自动调节系统.西安公路交通大学学报,1995(9):1-4.